IntelliJ IDEA ハンズオン

基本操作からプロジェクト管理までマスター

山本 裕介／今井 勝信 [著]

技術評論社

●**本書をお読みになる前に**

・本書に記載された内容は、情報の提供のみを目的としています。したがって、本書を用いた運用は、必ず
　お客様自身の責任と判断によって行ってください。これらの情報の運用の結果について、技術評論社およ
　び著者はいかなる責任も負いません。

・本書記載の情報は、2017年10月現在のものを掲載していますので、ご利用時には、変更されている場
　合もあります。

・また、ソフトウェアに関する記述は、とくに断りのない限り、2017年10月現在での最新バージョンを
　もとにしています。ソフトウェアはバージョンアップされる場合があり、本書での説明とは機能内容や画
　面図などが異なってしまうこともあり得ます。本書ご購入の前に、必ずバージョン番号をご確認ください。

　以上の注意事項をご承諾いただいたうえで、本書をご利用願います。これらの注意事項をお読みいただかずに、
お問い合わせいただいても、技術評論社および著者は対処しかねます。あらかじめ、ご承知おきください。

●**商標、登録商標について**

本書に登場する製品名などは、一般に各社の登録商標または商標です。なお、本文中に ™、®などのマーク
は記載しておりません。

まえがき

　「弘法筆を選ばず」と言いますが、プログラマは上級者になればなるほどツールにこだわる方が多いようです。ツール選択の基準は「シェアの高いこと」「商用・クローズドではなくオープンソースであること」「自由度が高く自分の手に馴染むように仕上げられること」など、人それぞれです。筆者（山本）も多分に漏れず、毎日触る道具にこだわりがありますが、「カスタマイズせずともデフォルトで使いやすいこと」を基準に選んでいます。

　筆者が好んで使っているMacやiPhoneは、「とことんカスタマイズして自分の好みに合わせる」使い方にはあまり向いていないかもしれません。しかしながら、箱から出したらすぐにフル活用できるよう工夫がなされています。

　JavaのIDEとして一般的に広く普及してきたEclipseを、「高いシェアを誇る」「オープンソースで無償で利用できる」といった点で選ぶ方が多いのではないでしょうか。筆者もEclipseは何度か試しましたが、プラグインをたくさんインストールしないと使えないことと、ワークスペースやパースペクティブといった独自の概念がしっくり来ないことで、利用は断念していました。

　筆者がJavaのIDEとして2000年ごろから選んでいたのは、IntelliJ IDEAではなくJBuilderでした。残念ながらJBuilderは2005年あたりから進化が止まってしまい、突然Eclipseのプラットフォーム上へ移植されることが発表されました。JBuilder由来のUI、使い心地を引き継いだEclipseベースのIDEであれば良かったのですが、「JBuilderというブランドを引き継いではいるものの使い心地はほぼEclipseで、何が嬉しいのかわからないIDE」に仕上がってしまいました。

　そこで2007年、意を決して移行したのが、本書で取り扱うIntelliJ IDEAです。共著者であり、日本で一番JetBrains IDEに詳しい今井勝信さんのブログで知り、もともと気にはなっていたのでした。IntelliJ IDEAはJBuilderと同じくSwingベースの軽快なUIで、インストール時点で必要な機能がそろっており、使い方を知らなくても思いのままにコードが書けました。まさに筆者の重視する、「カスタマイズせずともデフォルトで使いやすい」IDEで、すぐに虜になりました。

　JetBrainsは当時、会社のキャッチコピーとして「Develop with pleasure（楽しみながら開発を）」を掲げていました。面倒なセットアップや特殊な操作の習得は不要、空気を読んで面倒なことは勝手にやってくれる感覚は、まさにDevelop with pleasureそのものでした。

　その後もしばらくIntelliJ IDEAは「知る人ぞ知る」IDEでしたが、注目を集め始めたのは2014年にJava 8がリリースされたころです。Java 8ではラムダという大きな言語仕様の追加がありましたが、IntelliJ IDEAはJava 8が正式リリースされる2年ほど前からアーリーアクセス版に対応しており、仕様策定の段階でコロコロ変わる変更にも追随してきました。正式リリースのタイミングでは単純なコード補完にとどまらず、既存コードを、ラムダを使ったコードにリファクタリングする機能など、強力なラムダサポートを備えており、「ラムダを学習するならIntelliJ IDEA」と評判になりました。さらにはSpring（Boot）、AngularJS、TypeScript、そし

てDockerといったさまざまなレイヤの最新技術を、いち早くサポートすることが注目されるようになりました。2016年にEclipseのシェアを抜いたという調査結果もあります。GoogleがAndroidの標準開発環境として、Eclipseを見限ってIntelliJ IDEAベースのAndroid Studioをリリースしたことや、Androidの標準言語として、やはりJetBrainsが開発するKotlinを採用したことも追い風となり、現在では「知らないと恥ずかしい」くらいのIDEになったと言えるのではないでしょうか。

昔話が長くなりました。IntelliJ IDEAをはじめとするJetBrains IDEは、プログラマが生産性を発揮するうえで何が必要なのか、怠惰なタスクをいかに行わなくて済むかといった空気を読むことで、上級者とペアプログラミングをしているときのような気づきを与えてくれる製品です。JetBrains IDEを使い始めた人たちは、「楽しい」「気持ちいい」「わかってくれている」と口々に言います。

しかしながら、いくら生産性が高いツールとはいえ、他のツールからの移行にはそれなりのコストがかかり、時には苦痛すら伴います。本書ではIntelliJ IDEAをはじめとするJetBrains IDEへの移行コストを最小限にとどめ、苦痛なく使い始めてもらえるよう、プロジェクトの作成、ファイルの作成、コード補完といった基本操作から、本格的に活用するためのコツまで、スクリーンショットを贅沢に使って解説しています。

PCを手に取りましょう。JetBrains IDEをインストールしましょう。そして本書を読み進めながら、JetBrains IDEのすばらしい世界を体験していただければ幸いです！

本書の対象読者

本書はIntelliJ IDEA、PhpStorm、WebStorm、RubyMine、PyCharmをはじめとするJetBrains IDEをこれから利用する方、またすでに利用中でもっと活用したい方を対象にしています。第1部では操作の基本を、第2部では本格的に開発するためのノウハウを学べる構成となっています。まずは第1部を最初から通して読んで基本操作を学び、実際の開発については第2部を適宜読んでいただければ幸いです。

対応環境について

本書はJava/Kotlin/Scala向けのIDEであるIntelliJ IDEAをベースに解説しており、第2部の一部はIntelliJ IDEA固有の内容となっています。また記載の内容は、IntelliJ IDEAのバージョン2017.2で動作確認しています。IntelliJ IDEAのバージョンによっては、メニューやアクションの名称、アイコンが本書と異なる場合があります。なお、IntelliJ IDEAの画面のスクリーンショットは、macOS Sierraにて撮影したものです。

表記について

本書では次のルールで、IntelliJ IDEAをはじめとするJetBrains IDEの操作、機能について

記述しています。

- メニューの項目や機能（アクション）名は**太字**で示す（**Find in Path**、**Generate**など）
- メニューの階層は縦棒（**|**）で区切り、設定の階層を示す（**File**メニューの**New | Project**など）
- 設定ダイアログのメニュー階層は矢印（**→**）で区切り、操作の遷移を示す（Preferencesダイアログの Appearance & Behavior→Appearanceなど）
- ショートカットキーは「Macのショートカットキー（Windowsのショートカットキー）**アクション名**」で示す（ Command + Z （ Ctrl + Z ） **Undo**など）
- ショートカットキーは「 Ctrl + ↵ 」のように同時押しするキーを**+**で区切って示す
- パスやプログラムのコードなど、入力する値は**固定幅**で示す
- ホームディレクトリなど、特定のディレクトリは**<シンボル名>**」で示す（**<HOME>**、**<PROJECT_HOME>**など）
- 目次および本文で、章や節の見出しの横に **Ultimate** が付いているものは、Ultimate Edition（「IntelliJ プラットフォームのIDE」(p.4)参照）限定の機能になります。

著者プロフィール

- **山本裕介（やまもとゆうすけ）**　Twitter：@yusuke
  株式会社サムライズム代表取締役。IntelliJ IDEA好きが高じて、JetBrains製品を販売する会社として うっかり立ち上げてしまったのが株式会社サムライズム。アーチェリー、インラインスケート、ヨーヨー、 スプラトゥーンが好き。
- **今井勝信（いまいまさのぶ）**　Twitter：@masanobuimai
  システムエンジニア。日本ユニシス株式会社所属。仙台在住。
  IntelliJ IDEA が大好き。

謝辞

　本書の執筆にあたり、レビューを快諾してくださったクオリサイトテクノロジーズ株式会社の呉屋成美さん、株式会社サムライズムの前當祐希さんに感謝いたします。両名による第三者の視点でアドバイスを頂けたことにより、本書は格段と読みやすいものとなりました。また本書を企画から構成まで強力にサポートしていただき、実際に製品を操作しながらたくさんのアドバイスを頂きました技術評論社の中田さん、そして中田さんとともに筆の遅い私の尻を辛抱強く叩いてくださった共著者の今井さんもありがとうございます。両名がいなければ、本書が東京オリンピックより前に出版されることはありませんでした。そして最後になりますが、本書の執筆の多くは平日夜、週末といった家族と過ごす時間を割いて書くこととなりました。不平不満を言わず執筆を支えてくれた家族に感謝致します。

2017年秋

著者代表　山本裕介

目次

まえがき iii

第1部　基本操作編　1

第1章　はじめに　3

1.1　IntelliJ IDEAとは 3
IntelliJプラットフォームのIDE 4
JetBrains IDEのライセンス 6
COLUMN どのIDEを使うのが正解なの？ 7

1.2　IntelliJ IDEAのインストール 8
インストーラからインストールする 8
JetBrains Toolboxからインストールする 10

1.3　IntelliJ IDEAの初期設定 11
初期設定ウィザードによる初期設定 12
JDKの設定（初期設定ウィザード完了後の初期設定） 16

1.4　IntelliJ IDEAをカスタマイズする 18
カラーテーマを変更する 18
キーマップを変更する 19
プラグインをインストール 20
COLUMN Eclipse/NetBeansとの違い、移行について 21

第2章　開発を始める　23

2.1　プロジェクトの作成 23
2.2　JetBrains IDEのレイアウト 25

第3章　ファイルの編集　Ultimate　27

3.1　HTMLファイルの作成とプレビュー 28
ファイルの作成・編集 28
LiveEditでプレビュー 31
3.2　編集・補完 32

終了タグの補完 32
入力候補の補完 33
COLUMN Emmet/Zen Coding 34
Intention Action 35
Emmet 37
Live Template 37
Postfix completion 38
編集中に条件式の評価を確認するには 39
Expand Selection 39
変数の抽出 40
インライン化 40
COLUMN 変数の抽出／インライン化と副作用 41
評価結果をコンソールに出力する設定 41
パラメータの表示 42
コードフォーマット 43
リネームリファクタリング 44

第4章 実行・デバッグ 47

4.1 FizzBuzzコードの記述 47
Mavenプロジェクトの作成 47
インポート機能 48
Javaファイルの作成 50
Inspection 51
Inspectionの設定と表示 52
mainメソッドの記述 54

4.2 FizzBuzzの実行 58
実行の範囲 58
COLUMN Macの入力ソースとショートカット 59
コンパイルエラー 61

4.3 FizzBuzzのデバッグ 62
メソッドの抽出 62
ブレークポイント 64
デバッグの実行制御 65
COLUMN パースペクティブがない？ 69
ブレーク条件 70

4.4 実行結果の巻き戻し **Ultimate** 73
Chrononプラグインのインストールと設定 73
Chrononで実行 76

4.5 テストケースの作成 78

4.6 テストケースの実行 80

vii

第5章 プロジェクト内の移動 (Navigation) 85

5.1 シンボル間のNavigation..85
シンボル定義箇所へジャンプ 85
シンボル利用箇所を一覧 86
シンボル利用箇所をポップアップ表示 86
ジャンプ前のコードに戻る 87
クラス間の移動 87

5.2 ファイルのNavigation 88
直近のファイルを開く 88
直近のファイルを一覧 89

5.3 ディレクトリのNavigation 90
ナビゲーションバーを使って移動 90
ナビゲーションバーのその他の操作 91

5.4 編集箇所に戻る 91

5.5 ファイル名やシンボル名を指定して開く 92
Search Everywhere 92
検索範囲が狭いNavigation 93

第6章 バージョン管理システム 95

6.1 実行バイナリの指定 95

6.2 リポジトリの初期化 97

6.3 Version Controlツールウィンドウ 98

6.4 コミットの基本 98
コミット対象を登録 98
Commit Changesダイアログ 99
コミット直前アクションの設定 100
コミットする 100

6.5 ブランチの確認と作成 101

6.6 差分をコミットする 102
差分を比較 102
コミット前に編集 103

6.7 コンフリクトの解決 104
VCS Operationsポップアップ 104
チェックアウト 105
コンフリクト解決の種類 106

6.8 リモートリポジトリの設定とプッシュ 107

第7章 データベースを操作する Ultimate 109

7.1 IntelliJ IDEAのデータベース機能 109

viii

| 7.2 | データベースに接続する | 110 |

COLUMN お勧めのお試し用データベース 111

| 7.3 | Database ツールウィンドウ | 111 |

| 7.4 | テーブルのデータ編集 (テーブルエディタ) | 113 |

データを並び替える／絞り込む 114
データを編集する 115
データをエクスポートする 117
CSV ファイルや TSV ファイルをインポートする 119

| 7.5 | Database コンソールによるデータベースの操作 | 120 |

| 7.6 | ソースコードとの連係 | 121 |

SQL ファイルを編集する 122
SQL ファイル以外のソースファイルで SQL を編集する 123
ドキュメントの参照 124

| 7.7 | いろいろなデータベース操作 | 125 |

JDBC ドライバを管理する 125
DDL からデータソースを定義する 126
テーブルを定義する 127
スキーマやデータを比較する 128
特殊なデータ編集を行う 129
その他機能の紹介 130

第2部　本格開発編　133

第8章　IntelliJ IDEA のプロジェクト管理　135

| 8.1 | プロジェクトの考え方 | 135 |

| 8.2 | プロジェクトの設定 (Project Structure ダイアログ) | 136 |

Project カテゴリの設定 137
Module カテゴリの設定 138
Libraries カテゴリの設定 145
Facets カテゴリの設定 147
Artifacts カテゴリの設定 147

COLUMN プロジェクトに関する設定箇所について 149

| 8.3 | プロジェクト管理の実際　Ultimate | 150 |

新しいプロジェクトを作る 150
他のプロジェクトを開く 155

COLUMN IntelliJ IDEA とビルドツールの関係 156

| 8.4 | プロジェクトの設定でよくある悩み | 157 |

ファイルのエンコーディングを指定したい 158
改行コードを指定したい 159

コンパイラの割り当てメモリやオプションを設定したい.....................................159
ProjectやModuleごとにコンパイラや言語レベルを設定したい 160
注釈プロセッサ（Annotation Processor）を使いたい..161
プロジェクトをテンプレートに保存したい 163

第9章 Java EE プロジェクトで開発する Ultimate　167

9.1　Java EE プロジェクトを用意する 167
Java EE プロジェクトを満たす条件 170

COLUMN New Project ウィザードを勧めない理由（ワケ） 172

9.2　Java EE プロジェクトを実行してみよう 172
アーティファクトを準備する 172
アプリケーションサーバの実行設定を行う 172
アプリケーションサーバを実行する 174

9.3　Java EE プロジェクトで開発してみよう 175
CDI や Bean Validation の開発サポート 175
Servlet/JSP の開発サポート 179
JSF/Facelets の開発サポート 182
JPA の開発サポート 183
EJB の開発サポート 190
Web サービス（JAX-WS/JAX-RS）の開発サポート 191

COLUMN REST Client ツールウィンドウ 192

第10章 いろいろなプロジェクトで開発する　193

10.1　Spring プロジェクト Ultimate 193
ネイティブ形式の Spring プロジェクト 193
Spring Initializr で作成するプロジェクト 194
Spring プロジェクトの特徴 195
Spring Boot プロジェクトを作る 198
Spring Boot プロジェクトで開発する 199

10.2　Java VM ベースの開発言語を使う 201
Groovy を使う 201
Kotlin を使う 203
Scala を使う 205

10.3　さまざまな開発言語を使う Ultimate 207
JetBrains のほかの IDE に近づける 207
WebStorm のように HTML や JavaScript を使う 209
PhpStorm のように PHP を使う 214
RubyMine のように Ruby を使う 215
PyCharm のように Python を使う 216

索引..217

第**1**部

基本操作編

第**1**章　はじめに

第**2**章　開発を始める

第**3**章　ファイルの編集

第**4**章　実行・デバッグ

第**5**章　プロジェクト内の移動（Navigation）

第**6**章　バージョン管理システム

第**7**章　データベースを操作する

第1章 はじめに

1.1 IntelliJ IDEAとは

　JetBrainsはチェコに本社を置くツールベンダです。IntelliJ IDEA（インテリジェイ・アイデア）は同社がリリースしている統合開発環境（IDE）で、同社の製品群の中で主力製品に位置しています（図1.1）。

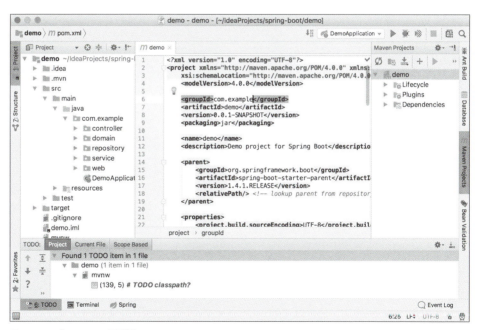

図 1.1　IntelliJ IDEA の画面例

　海外では名の知れたIDEですが、日本語化されていないこと[注1]や有償であることなどで、日本での知名度は長らく低いままでした。日本で注目を浴びるようになったのは2013年ごろからですが、IntelliJ IDEAの歴史は長く、初期バージョンは2001年にリリー

注1　JetBrains公式には日本語化されていませんが、IntelliJ IDEAでも、Eclipseの日本語化で有名なPleiadesが利用できます。
　　http://mergedoc.osdn.jp/

スされています。手の行き届いたリファクタリングやコード補完に定評があり、長い間ファンを魅了しているIDEですが、長い歴史が積み重なって高機能化しているため、初心者に優しいとは言えません。またユーザインターフェースが英語のため、人によってはハードルの高さを感じるでしょう。これら多少のとっつきにくさがあるIDEですが、手に馴染んだときの使い勝手の良さは、比類するものを探すのが難しいくらいです。

　近年では、機能を減らしてオープンソースソフトウェア（OSS）として無償公開しているCommunity EditionとScalaプラグインのおかげで、Scala用IDEとしても有名です。Googleが提供しているAndroid開発用IDE「Android Studio」のベースになっていることで、さらに注目を集めています。もともとはJava専用のIDEでしたが、前述のScalaをはじめとする多数の言語をサポートしており、WebStormやPhpStormのような特定の環境に特化したIDEも派生しています。

> **NOTE**　本書ではJava IDEであるIntelliJ IDEAを中心に解説しますが、内容の多くはIntelliJプラットフォームのIDEで共通です。

IntelliJ プラットフォームの IDE

　IntelliJ IDEAは、もともとは単一のIDEとして提供されていたのですが、高機能化と世の中のニーズに伴い、特定の言語や機能に特化したIDEに枝分かれしていきました。IntelliJ IDEAそのものも、機能を削ったCommunity EditionとフルスペックのUltimate Editionに分かれています。

　すべての派生IDEの大本であったUltimate Editionですが、今ではUltimate Editionに含まれない機能を持ったIDEも存在します。あまりにも多くの派生IDEが登場したため、製品体系を把握するのは難しいです。図1.2に、IntelliJプラットフォームの体系をまとめました。

> **NOTE**　「IntelliJプラットフォームのIDE」は冗長なので、本書では「JetBrains IDE」と表記します。厳密には、ReSharperのようにIntelliJプラットフォームではないJetBrains IDEも存在します。

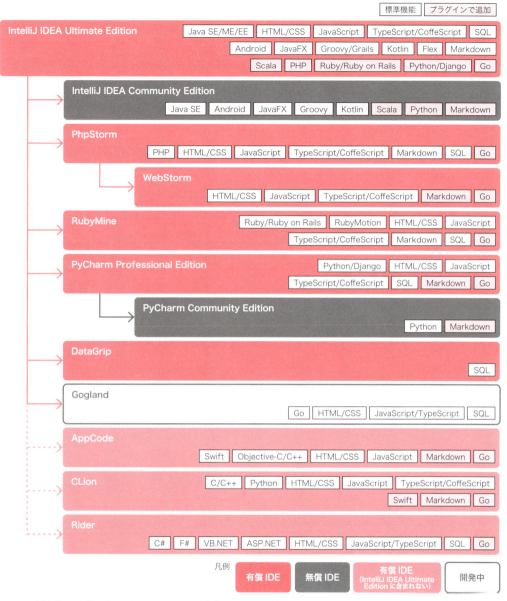

図1.2 IntelliJ プラットフォームの IDE 群（JetBrains IDE）

　JetBrainsはツールベンダであるため、主力商品であるIDEは基本的にすべて有償です。IntelliJ IDEAとPython用IDEのPyCharmには無償バージョンもありますが、その分、機能が大幅に削られています（たとえば、IntelliJ IDEA Community Editionには、サーバサイドJavaに関する支援機能はいっさいありません）。

　HTMLやJavaScript／PHP／Python／Rubyに特化したWebStorm／PhpStorm

／PyCharm／RubyMineは、もとはすべてIntelliJ IDEA Ultimate Editionの機能です。今でもUltimate Editionは、PHPやPython、Rubyなどの他言語をサポートしていますが、これらの言語を使うためには別途プラグインを追加する必要があります[注2]。

JetBrains IDEのライセンス

Java IDEのIntelliJ IDEAとPython IDEのPyCharmについては、データベース連携やWeb開発機能を省いたCommunity Editionと呼ばれる無償版が提供されていますが、その他のIDEはすべて有償です。

有償版は、企業向けのコマーシャルライセンスと個人向けのパーソナルライセンスがありますが、どちらも機能に変わりはありません（いずれのライセンスであっても、商用目的の利用は可能です）。2つのライセンスの大きな違いは、ライセンスの紐付けです。コマーシャルライセンスは、同時利用するマシン台数に紐付きますが、パーソナルライセンスは購入者個人に紐付きます[注3]。

ライセンスは毎年更新するサブスクリプション形式となっており、2、3年目以降は割引価格となります。更新をせずサブスクリプションが切れてから1ヵ月以上経過してしまうと、また新規価格での契約となるので注意しましょう。サブスクリプションが切れた場合、サブスクリプション期間当初（更新した場合は、最後の更新当初）のバージョンを永年利用できます[注4]。この辺の話は分かりづらいので、図1.3にまとめました。

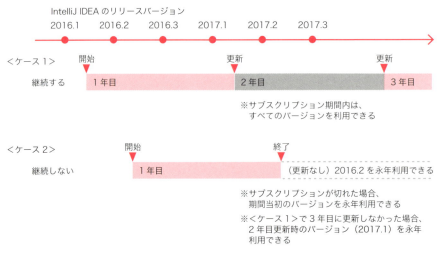

図1.3　サブスクリプションと利用可能バージョンの関係

注2　AppCode（Swift）やCLion（C／C++）相当の機能はUltimate Editionにはないので、最近では"Ultimate感"が薄らいでいます。
注3　パーソナルライセンスは個人開発者の救済的なライセンスで、価格を安く設定している代わりに、企業の経費で購入することはできないライセンスとなっています。
注4　JetBrains IDEのバージョン番号は「2016.2」や「2017.1.2」のように表します。フォーマットは「X.Y(.Z)」で、Xがリリース年、Yがその年のメジャーリリース回数（機能追加あり）、Zがマイナーリリース回数（バグ修正）を意味します。

> **NOTE**　上記は2017年10月時点での情報です。ライセンスに関する情報は常に最新の情報[注5]を参照するようにしてください。

　有償ライセンスの他に、いくつかの無償ライセンスを提供しています。いずれも申請が必要ですが、条件に合致するのであれば申請してみると良いでしょう。

- **オープンソースライセンス**
  非営利のオープンソースプロジェクトの開発者向けのライセンスです（1年更新）。プロジェクトリーダーかコミッターが対象になります。申請したオープンソースプロジェクトの開発にのみ利用可能です。

- **アカデミックライセンス**
  学生や教員向けのライセンスで、教育目的に利用できます。申請には学校のメールアドレスか学生証／教員証が必要です。

COLUMN　どのIDEを使うのが正解なの？

　主要な開発言語がJavaで、さらにサーバサイドの開発が主体であるならば、IntelliJ IDEA Ultimate Editionがお勧めです。

　Community Editionは、Ultimate Editionと比べて大幅に機能が削られているので、言語の学習用といった趣旨に向いています。ScalaやKotlinに興味がある場合はCommunity Editionでも十分でしょうが、無償という点でEclipseやNetBeansと同等と思って使うと、大きな失望を味わいます。Community EditionでAndroidの開発も可能ですが、Android Studioと完全に同等ではないので、Android開発が主目的ならAndroid Studioを使うのが良いです。

　Javaの開発にはまったく縁がなく、HTMLやJavaScript、PHP、Rubyなどに関心があるのなら、WebStorm／PhpStorm／RubyMineといった言語に特化したIDEが良いです。なんでも使えるUltimate Editionにお得感を感じますが、特定の言語固有の機能は専用IDEにまず実装され、それから間を置いてUltimate Editionに反映されます。このタイムラグを許せるかどうかも、Ultimate Editionだけで十分かどうかの目安になります。

　どのIDEが自分に適しているか検討するのが面倒な人向けに、すべてのIDEを利用できるAll Products Packというライセンスもあります。

注5　https://sales.jetbrains.com/hc/en-gb

1.2 IntelliJ IDEAのインストール

IntelliJ IDEAをインストールする方法には、インストーラからインストールする方法とJetBrains Toolboxからインストールする方法の2通りがあります[注6]。それぞれのインストール方法について解説します。

> **NOTE**　この節で紹介するインストール方法は、WebStormやPhpStormなどのJetBrains IDEでも同じです。

インストーラからインストールする

JetBrainsのダウンロードページ[注7]から、使っているOSに合わせたインストーラをダウンロードします（図1.4）。

図1.4　IntelliJ IDEAのダウンロードページ

有償のUltimate Editionと無償のCommunity Editionの2種類ありますが、いずれを

注6　WindowsストアやApp Storeからはインストールすることができません。
注7　https://www.jetbrains.com/idea/download/

選んでもインストール方法に違いはありません。本書の大半はUltimate Edition向けの解説となっています。Ultimate Editionは30日間の試用も可能ですので、ぜひインストールして手を動かしながら読み進めてください。

- **Macの場合**

  ダウンロードしたdmgファイルをダブルクリックすると、図1.5のような画面になるので、指示に従ってアプリケーションフォルダにドラッグ＆ドロップします。Mac版のインストール方法がもっとも簡単で、おもしろ味があります。

図1.5　Mac版のインストーラ

- **Windowsの場合**

  ダウンロードしたexeファイルをダブルクリックして、インストーラを起動します。場合によってはOSのセキュリティ警告がでてくるので許可してください。インストーラが問い合わせてくる内容は、図1.6のとおりです。とくに変更する必要がなければ、選択肢はデフォルトのままNextボタンを押し続けているだけでインストールが完了します。

  インストールオプションでは、デスクトップのショートカットとファイルの拡張子との関連付けを行います。Windows版は32bit版も提供しているので、使っているOSのbit数に合わせて指定してください（スタートメニューにはOSのbit数に応じたショートカットが登録されるので、この指定を無視してもかまいません）。ファイル拡張子の関連付けも、IDEに関連付けするよりもテキストエディタに関連付けしておいたほうが便利なので、すべてOFFのままが良いでしょう。

> **NOTE**　Linux版にはインストーラがありません。ダウンロードしたtar.gzファイルを適当な場所に展開するだけで完了です。IntelliJ IDEAを起動するには、展開先の`./bin/idea.sh`を実行します（本書ではLinux固有の話は取り上げません）。

第 1 章　はじめに

図 1.6　Windows 版のインストーラの流れ

JetBrains Toolbox からインストールする

　JetBrains Toolboxは、JetBrains IDE専用のランチャーアプリケーションです。IntelliJ IDEAに限らず、JetBrains IDEのメジャーバージョンは同時期にまとめてリリースされるため、とくに複数の製品を利用している場合、そのアップデートに手間がかかります。JetBrains Toolboxを使えば、各製品のインストールもアップデートも1クリックで行えるので便利です。

　JetBrains Toolboxも、JetBrainsのダウンロードページ[注8]から、使っているOSに合わせたインストーラをダウンロードします。インストール方法は、IntelliJ IDEAと大差ないので割愛します。

　JetBrains Toolboxは常駐型のアプリケーションで、実行するとタスクトレイやメニューバーに常駐します。JetBrains Toolboxアイコンをクリックすると、初回のみライセンスポリシーの同意と、JetBrainsアカウントのログインを求めてきます[注9]。

　初期設定の完了後、メニューバーやタスクトレイにあるJetBrains Toolboxをクリックすると図1.7のようなメニューが表示されるので、リストアップされている製品のInstallボタンを押して、インストールを進めてください。

注8　https://www.jetbrains.com/toolbox/app/
注9　無償のCommunity Edtionを使う場合などには、JetBrainsアカウントは必須ではありません。アカウントを持っていない場合は、Skipを選択してください。

図 1.7　JetBrains Toolbox の実行画面

　JetBrains ToolboxからインストールしたIDEのインストール先は、インストーラの場合と異なります。デフォルトのインストール先は表1.1のとおりです。インストール先を変更したい場合は、JetBrains Toolsbox右上の六角ナットアイコンからSettingsを選んで変更してください。

表 1.1　JetBrains Toolbox 経由のインストール先

OS	インストール先
Mac	`<HOME>/Library/Application Support/JetBrains/Toolbox/apps/`
Windows	`<HOME>¥AppData¥Local¥JetBrains¥Toolbox¥apps¥`

1.3　IntelliJ IDEAの初期設定

　インストール後の初回起動時には、初期設定を行うウィザードが現れます。旧バージョンが存在している場合は、図1.8のようなダイアログが表示されて設定を引き継ぐかどうかを問い合わせてきます。ここで、「Do not import settings」以外を選択すると、初期設定ウィザードをキャンセルして設定の引き継ぎを行います。

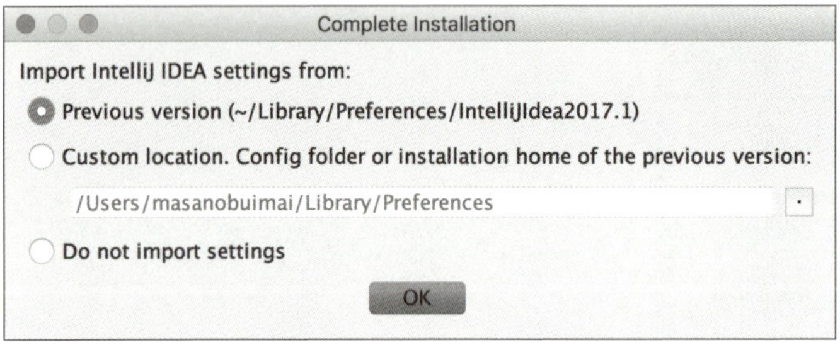

第 1 章　はじめに

図 1.8　Complete Installation ダイアログ

> **NOTE**　Macの場合、OSの設定によっては初回起動時に図1.9のようなダイアログが表示されるので、そのまま開くボタンを押してください。

図 1.9　アプリケーションの実行許可ダイアログ

初期設定ウィザードによる初期設定

　初期設定ウィザードでは、カラーテーマとプラグインなどの設定を行います。OSによって初期設定ウィザードの流れが若干異なります。

- **カラーテーマの設定（UI Theme）**

　初期設定ウィザードの最初は、ユーザインターフェースのカラーテーマを設定します。明るいテーマ（Default）と暗いテーマ（Darcula）があるので、好みのほうを選択してください（図1.10）。もちろん後から変更できるので、深く考える必要はありません[注10]。

注10　初期設定ウィザードで指定するすべての項目は、あとからでも変更できるので、選択に悩む場合はすべてデフォルトにしておいても問題ありません。

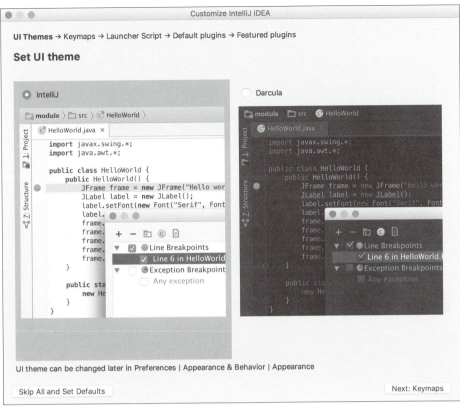

図1.10　カラーテーマの選択

- **キーマップの設定 (Keymap scheme)**

  キーマップとはショートカットキーの設定のことです。このウィザード画面はMac版にだけ出てきます（図1.11）。初めてIntelliJ IDEAを使う人には Command キー主体にショートカットキーを構成している「Mac OS X 10.5+ keymap」がお勧めです。昔からIntelliJ IDEAを使っている人や他のOS版と併用している人には、「Mac OS X keymap」が向いています。

  本書で紹介するショートカットキーは、Macは「Mac OS X 10.5+」、Windowsは「Default」のものを紹介します。

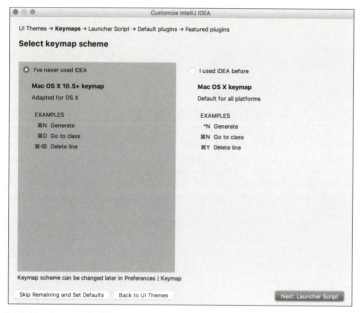

図 1.11　キーマップの選択

- **起動用スクリプトの作成（Launcher Script）**

　このウィザード画面もWindows版では登場しません（図1.12）。ターミナルからIntelliJ IDEAを起動できるコマンド（シェルスクリプト）をインストールするかどうかを問い合わせてきます。

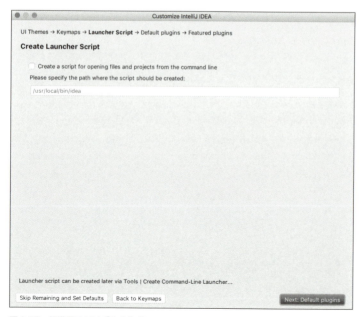

図 1.12　起動用スクリプトの作成

この起動用スクリプトは、IntelliJ IDEAを立ち上げるだけではなく、テキストエディタのようにファイルを開いたり、差分（diff）ツールの代わりに使えたりと、いくつかの機能を持ちます（詳しくはIntelliJ IDEAのヘルプを参照してください）。

- **デフォルトプラグインの設定（Default plugins）**

IntelliJ IDEAにデフォルトで同梱しているプラグインについて個別に設定します（図1.13）。デフォルトのままでも大丈夫ですが、フレームワークサポートやAndroidアプリケーション開発など、明らかに使わないものがあれば、この画面で取捨選択したり無効化したりできます（「Customize...」リンクや、「Disable」リンクをクリックします）。

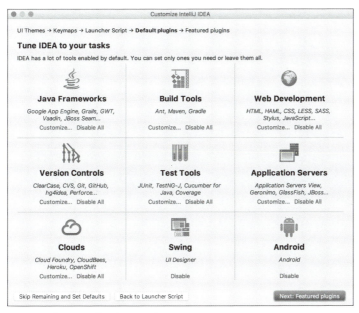

図1.13　デフォルトプラグインの選択

- **お勧めプラグインの設定（Featured plugins）**
  IntelliJ IDEA本体に含まれてはいないけれど、よく使われている代表的なプラグインを候補に挙げます（図1.14）。こちらも必要に応じてインストールしてください（インターネットに接続できない環境では、プラグインの候補はでてきません）。

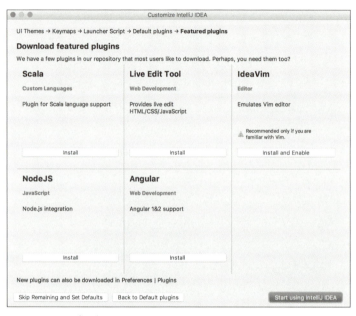

図1.14　お勧めプラグインの選択

> **NOTE**　本書では、「LiveEdit」を使った操作を取り上げているので、このプラグインはインストールしておいてください。

JDKの設定（初期設定ウィザード完了後の初期設定）

　初期設定ウィザード、もしくは旧バージョンの設定の引き継ぎが完了すると図1.15のようなWelcome画面が表示されます。これでIntelliJ IDEAの準備は完了ですが、Javaの開発を行うにはもう一手間準備が要ります。それは、IntelliJ IDEAで使うコンパイラの設定です。IntelliJ IDEAにバンドルしているJDKは、自分自身を起動するためだけに使います[注11]。そのため、開発用には別途JDKが必要になるわけです。

注11　IntelliJ IDEAにバンドルされているJDK（Java Development Kit）は、正しくはJRE（Java Runtime Environment）のため、コンパイラは付属していません。

図 1.15　IntelliJ IDEA の Welcome 画面

> **NOTE**　本書ではJDKのインストール手順は割愛します。用意するJDKは、Oracleが提供しているものでもOpenJDKでもかまいません。必要に応じたものを用意しておいてください。

　IntelliJ IDEAへのJDKの登録は、Welcome画面の右下にある**Configure**から**Project Defaults | Project Structure**を選び、Default Project Structureダイアログの SDKs から登録します。図1.16のとおりに＋をクリックして、Add New SDKポップアップからJDKを選び、登録するJDKのディレクトリを指定します。

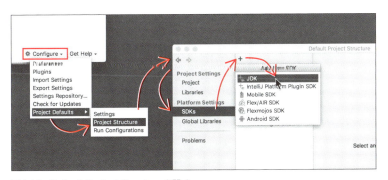

図 1.16　Default Project Structure を開く

第 1 章　はじめに

登録するJDKのバージョンは、どのバージョンでもかまいません。表1.2は、Oracle
のJDKを標準インストールしたときのインストール先です。意外と覚えていないものな
ので、参考にしてください。

表 1.2　Oracle JDK の標準的なインストール先（JAVA_HOME）

OS	インストール先(JAVA_HOME)
Mac	/Library/Java/JavaVirtualMachines/jdk#.#.#_###.jdk/Contents/Home
Windows	C:¥Program Files¥Java¥jdk#.#.#_###

1.4　IntelliJ IDEA をカスタマイズする

前節まででIntelliJ IDEAのセットアップは完了です。ここでは、初期設定ウィザード
で設定した内容を後から変更する方法を紹介します[注12]。

IntelliJ IDEAの設定画面は、Welcome画面の右下にある**Configure | Settings**か
ら行います。設定画面の名前は、Macでは「Preferences」、それ以外は「Settings」と名
称が異なりますが、本書では「Preferences」で統一します（設定画面も「Preferencesダ
イアログ」と表記します）。

Welcome画面以外からでは、ツールバーの🔧、メニューバーの次の項目からも
Preferencesダイアログを開くことができます。

- **Mac**：アプリケーションメニューから**Preferences...**を選ぶ（ Command + . ）
- **それ以外**：**File**メニューから**Settings...**を選ぶ（ Ctrl + Alt + S ）

カラーテーマを変更する

PreferencesダイアログのAppearance & Behavior→Appearanceにある「Theme」
で、白基調のテーマと黒基調のダークテーマを切り替えできます。ダークテーマの
Darculaを選択すると、連動してエディタのカラースキームも切り替わります（図1.17の
上部）。

エディタのカラースキームは、PreferencesダイアログのEditor→Colors Schemeで
変更できます。あらかじめ用意しているカラースキームもいくつかあるので、好みのカ
ラースキームをもとにカスタマイズするのも良いでしょう（図1.17の下部）。

注12　ここで紹介した以外のカスタマイズについては、第8章の「8.4　プロジェクトの設定でよくある悩み」(p.157) を参照してください。

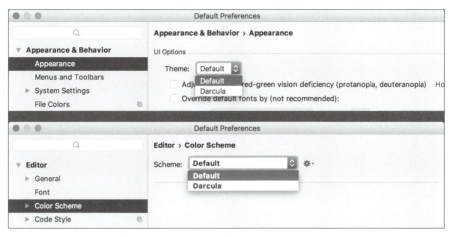

図1.17　カラーテーマとエディタのカラースキームの変更

NOTE　エディタのカラースキームはカスタマイズできますが、テーマをカスタマイズすることはできません。

キーマップを変更する

キーマップの変更はPreferencesダイアログのKeymapで行います（図1.18）。

Mac版の初期設定ウィザードでは2つのキーマップからしか選択できませんでしたが、ここではそれ以外にも多くのキーマップが用意してあります。EclipseやNetBeans、Emacsなどに似せたキーマップもあるので、馴染みのあるツールのキーマップがあれば、それを指定したほうが操作に戸惑うことも少ないでしょう。

キーマップも先ほど紹介したカラースキームと同じく、あらかじめ用意しているキーマップをもとにカスタマイズすることもできます。気に入らないショートカットキーの設定があれば、思い切ってカスタマイズしてみるのも手です。

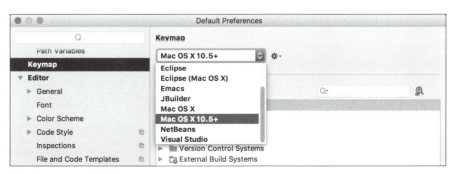

図1.18　キーマップの変更

プラグインをインストール

プラグインのインストールはPreferencesダイアログのPluginsから行います（図1.19）。ここでは、インストール済みのプラグインがリストアップされています。プラグイン一覧の下にある「Browse repositories...」ボタンをクリックすると、Browse Repositoriesダイアログが表示されるので、このダイアログからインストールするプラグインを選択します（横の「Install JetBrains plugin...」ボタンは、リストアップするプラグインをJetBrainsが提供しているものだけに絞り込むだけで、それ以外は「Browse repositories...」ボタンと変わりありません）。

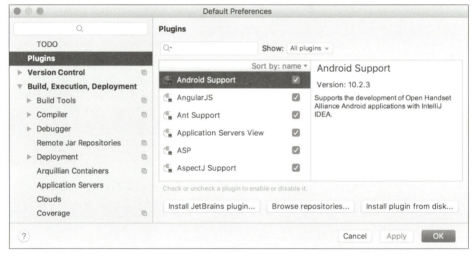

図1.19　プラグインの設定

> **NOTE**
> Browse Repositoriesダイアログにリストアップされるプラグインの情報は、JetBrainsのプラグインサイトから取得しているため、インターネットに接続している必要があります。プロキシサーバを介す必要があれば、ダイアログ下部にある「HTTP Proxy Settings...」ボタンから設定してください。

インストールしたいプラグインを見つけたら、 Install （または Update ）をクリックして、インストール（もしくはアップデート）を実行します。プラグインのインストールが完了するとIntelliJ IDEAの再起動を促してくるので、どうするか指示してください。

1.4 IntelliJ IDEA をカスタマイズする

1

はじめに

COLUMN Eclipse/NetBeans との違い、移行について

IntelliJ IDEA 以外の Java IDE の選択肢に、Eclipse と NetBeans があります。すでにこれらを利用しており、何かしらの理由で IntelliJ IDEA に乗り換えることもあると思います。いずれの IDE も、画面レイアウトがシングルウィンドウで、左側にプロジェクト構造、右側にエディタ、そして上部にツールボタンが並ぶという形式になっているので、起動後どこにコードを書けば良いのかわからない、ということにはならないはずです。

ただし、操作感については IDE ごとの特徴があるため、見た目ではわからない違和感を覚えることもあるでしょう。示し合わせたわけではありませんが、NetBeans の操作体系は IntelliJ IDEA と似通っているため、乗り換えは容易です。Eclipse に関してはそうはいかず、IntelliJ IDEA への乗り換えは手こずるでしょう。

Eclipse に馴染んでいる人ほどよく感じる、IntelliJ IDEA に対する違和感を次に示します。

- **ワークスペースという概念がない**

  Eclipse ではワークスペース内にプロジェクトを複数開き、関連のあるものもないものもすべて同じウィンドウで開いて作業ができます。一方で IntelliJ IDEA は 1 ウインドウ 1 プロジェクトとなっています。関連するコードは同じプロジェクトか、親子関係のあるモジュールにまとめることで 1 ウインドウで開くことになります[注13]。たとえば、すべてのプロジェクトを横断して検索するといった操作は、IntelliJ IDEA では難しいです。

- **パースペクティブがない**

  ソースコードを編集しているときや実行／デバッグ時など、用途や目的に応じて IDE のレイアウトを変更するパースペクティブは、Eclipse 固有の機能です。IntelliJ IDEA では、用途や目的に特化した機能は専用のツールウィンドウがまかなうため、IDE のレイアウトは基本変わることがありません。

- **ファイルの保存が自動で行われる**

  Eclipse に限らず、エディタ機能を持つアプリケーションの大半は、利用者が指示しないとファイルを保存しません。対して IntelliJ IDEA は、自動でファイルを保存します[注14]。たとえば、ビルドや実行などのアクションを行うと、その時点で未保存のファイルを強制的に保存します。編集中のファイルを意図的に未保存にすることをテクニックとしている人には、この自動保存は受け入れづらい機能でしょう。

- **保存時アクションがない**

  たとえば、ファイルの保存時にコードフォーマットを実行する、といった保存時アクションですが、IntelliJ IDEA にはこの機能がありません。保存時アクションに近い機能として、バージョン管理システムにコミットする直前に、コードフォーマットやインポート文の最適化をすることが

注13 詳しくは第8章の「8.1 プロジェクトの考え方」(p.135) を参照してください。
注14 IntelliJ IDEA のメニューには「すべて保存 (Save All)」があるだけで、たいていのアプリケーションにある「保存 (Save)」や「名前を付けて保存 (Save As...)」がありません。

21

第 1 章　はじめに

できます。

- **インクリメンタルビルドがない**

  ファイルを保存するたび、自動で変更差分を逐次的にビルドするインクリメンタルビルドは、Eclipseの特徴的な機能です。IntelliJ IDEAには、類似する機能として自動ビルド機能がありますが、デフォルトでは無効になっています[注15]。

- **問題箇所の一覧表示がない**

  Eclipseの「問題ビュー」のように、コンパイルエラーや警告／TODOをまとめて表示するビューはIntelliJ IDEAにはありません。コンパイルエラーはコンパイルしたときに表示されるMessageツールウィンドウに、TODOの一覧はTODOツールウィンドウに、という具合で個別に表示されます。

　主だったエディタ機能は、IntelliJ IDEAやEclipse、NetBeansとで大きな差はありませんが、割り当てられているショートカットキーが大きく異なります。ただしIntelliJ IDEAには、あらかじめEclipse風、NetBeans風のショートカットキー体系（キーマップ）が用意してあるので、まずは慣れているキーマップにして使い始めるのも良いでしょう。

　表1.3は、たいていのIDEが備えているコード補完とクイック修正、コマンド検索[注16]のショートカットの一覧です。この表からも、NetBeansとIntelliJ IDEAが似ていることがわかります。

	Eclipse	NetBeans	IntelliJ IDEA
コード補完	Ctrl + Space	同左	同左
クイック修正	Ctrl + 1 と Ctrl + 2	Option + ↵（ Alt + ↵ ）	同左
コマンド検索	Command + 3（ Ctrl + 3 ）	Command + I（ Ctrl + I ）	Shift を2回押す

　IntelliJ IDEAはEclipseのプロジェクトファイル（`.project`や`.classpath`）を読み取ることができるので、Eclipseのプロジェクトをそのまま開き、開発を進めることができます。NetBeansには専用のプロジェクトファイルがないため、Eclipseのようにはいきません。

　1つのプロジェクトで複数のIDEを共存させる場合、プロジェクト管理はIDE固有の機能を用いるのではなく、GradleやMavenといった専用のビルドツールを用いるのをお勧めします。

注15　自動ビルドを有効にする方法は、第4章の「コンパイルエラー」（p.61）を参照してください。
注16　Eclipseでは「クイック・アクセス」、NetBeansでは「クイック検索」、IntelliJ IDEAでは「Search Everywhere」と呼ばれる機能です。

第2章 開発を始める

2.1 プロジェクトの作成

　エディタと異なりIDEは一般的に、関連するファイルをまとめたディレクトリである「プロジェクト」を作成して作業を進めることになります[注1]。JetBrains IDEではビルドファイルや構成ファイルなど、必要なファイル群を生成してくれるテンプレートが用意されているので、目的にあったテンプレートを選択しましょう。ここでは簡単なHTMLとJavaScriptのコーディングを行いますので、Welcome画面（図2.1）で**Create New Project**を選択したら、New Projectダイアログ（図2.2）で極力シンプルな構成となるテンプレートを選択してください（表2.1）。

図2.1　Welcome画面

注1　プロジェクトの詳細については第2部を参照してください。

図 2.2　IntelliJ IDEA におけるプロジェクト作成

表 2.1　第 1 部で利用するプロジェクトテンプレート

IDE	プロジェクトテンプレート
IntelliJ IDEA	Static Web→Static Web
RubyMine	Ruby→New Application
PhpStorm	PHP Empty Project
PyCharm	Pure Python
WebStorm	Empty Project

次の画面で、プロジェクトの名前、保存場所を任意に選択してください（図2.3）。

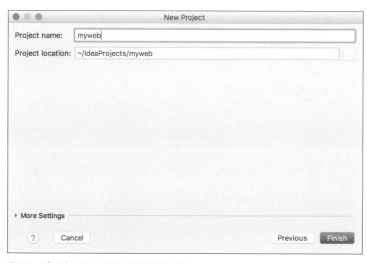

図 2.3　プロジェクトの名前と保存場所の指定

2.2 JetBrains IDEのレイアウト

プロジェクトを作成すると、いよいよJetBrains IDEのメイン画面が表示されます。まずは画面左下にあるボタン▣をクリックしましょう。画面の左右、下に各ツールウィンドウを表示／非表示するためのタブが現れます（図2.4）。よほど小さい画面で開発をしていない限り、このタブは表示しておいて良いでしょう。

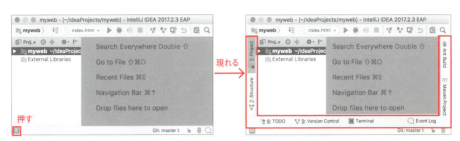

図2.4 ツールウィンドウタブの表示

JetBrains IDEは多くのIDE製品と同じく、左側にプロジェクトの構造が、右側にエディタが配置されています（図2.5）。

図2.5 IDEの画面レイアウト

以下に、画面に並ぶ主要な要素の名称と役割を説明します。

- **(1) ナビゲーションバー**
  現在フォーカスしているフォルダ、ファイルの階層を示します。
- **(2) ツールバー**
  実行やコンパイルなどの操作を1クリックで行うためのボタンが並びます。

第 2 章　開発を始める

- **（3）（プロジェクト）ツールウィンドウ**
  各種情報を表示したり操作したりする専用の小窓です。
- **（4）エディタペイン**
  ファイルを編集する領域です。
- **（5）ツールウィンドウタブ**
  ツールウィンドウの表示／非表示を切り替えるためのタブです。

第3章 ファイルの編集 [Ultimate]

　この章ではHTMLとCSS、JavaScriptを、IDEの補完機能やリファクタリング機能、そしてショートカットを活用しながら記述し、最終的には図3.1のようなページに仕上げます。文字のサイズ、色はCSSで装飾しており、2017という数字は、JavaScriptの関数で算出したものを出力しています。

　本章で紹介するHTMLファイルの補完機能はUltimate Edition限定のものですが、Javaファイルに対してはCommunity Editionでも、「Intention Action」「Live Template」「Postfix completion」「コードフォーマット」「リネームリファクタリング」が使用できます。

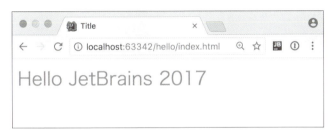

図 3.1　本章で作成する Web ページの最終イメージ

　表3.1にファイル編集で利用するエディタの基本的なショートカットを示します。

表 3.1　エディタショートカット

操作	Mac	Windows	アクション名[1]
取り消し	Command + Z	Ctrl + Z	Undo
やり直し	Command + Shift + Z	Ctrl + Shift + Z	Redo
検索	Command + F	Ctrl + F	Find
置換	Command + R	Ctrl + R	Replace
行／選択範囲の複製	Command + D	Ctrl + D	Duplicate
プロジェクト内で検索	Command + Shift + F	Ctrl + Shift + F	Find in Path
プロジェクト内で置換	Command + Shift + R	Ctrl + Shift + R	Replace in Path

---

注1　「アクション」はJetBrains IDEで用意されている一連の操作を指します。Shift 2回（Search Everywhere）、または Help | Find Action（Ctrl + Shift + A）でアクションの検索ができます。

JetBrains IDEのエディタは、タイプした文字がそのまま入力される標準的なものになりますので、本章では基本的なファイルの編集方法についての解説はしません。一点面白い機能として、プロジェクト内で検索を行う際に表示されるプレビュー欄が、編集可能なことを紹介しておきます（図3.2）。

図 3.2　検索のプレビュー欄でテキスト編集

3.1　HTMLファイルの作成とプレビュー

ファイルの作成・編集

まずはプロジェクトディレクトリ直下に`index.html`を作成して、編集していきましょう。

ファイルの作成はFileメニューのNew | Fileから行えますが、たいへん頻繁に行う操作なのでショートカットを覚えましょう。Command+1（Alt+1）を押すと、プロジェクトツールウィンドウにフォーカスが移動します。カーソルキーの上下でファイル、ディレクトリの選択が、また左右でディレクトリの展開、折りたたみが行えます。プロジェクトのルートを選択したらCommand+N（Alt+Insert）で新規ファイル作成のポップアップを表示してください（図3.3）。

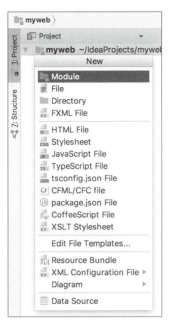

図 3.3　プロジェクトルートで新規ファイルのポップアップを表示

　ここでは **HTML File** を選択します。ポップアップから選択する際、マウスカーソルや上下のカーソルキーを使って選択しても良いのですが、JetBrains IDE ではあらゆるポップアップにおいてキーボード入力による絞り込みが行えます。ファイル作成のポップアップの場合は、そのままポップアップ上で **ht** とだけ入力して HTML File を絞り込み、⏎ を押すと素早いです（図 3.4）。

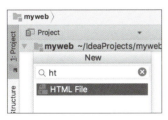

図 3.4　ポップアップ内で絞り込み

　HTML File を選択するとファイル名の入力を求められますので、「Name」欄には **index** と入力します。**index.html** まで入力しなくても、作成時に自動的に補完されます。「Kind」欄の選択肢には HTML 5 file、HTML 4 file、XHTML file がありますが、ここではデフォルトの **HTML 5 file** を選びます。

　HTML ファイルを作成すると、IDE は head や body など基本的な要素を自動的に展開

してくれます。

　展開される内容は、Command + , (Ctrl + Alt + S) で表示できるPreferencesダイアログのEditor→File and Code Templatesからカスタマイズすることもできます。

　ファイルの展開後、`<title>Title</title>`のTitle部分が選択状態で、赤い四角でハイライトされているのが確認できます（図3.5）。

図 3.5　HTMLファイルを作成すると、テンプレートが展開されてタイトル入力待ち状態になる

　この赤いハイライト部分は、何かしら手入力するべき箇所であることを示しています。そのままタイトルを入力して⏎を押すと、body部分にカーソルが移動します（図3.6）。

図 3.6　タイトルを入力後、bodyタグ内に自動的にカーソルが移動

　このような赤い四角（デフォルト値がない場合は赤い縦線）はJetBrains IDEがテンプレートを展開した際によく見られます。Escを押したり、他の場所をクリックしたりしてキャンセルすることなく、必要に応じて値を手動で入力したうえで⏎を押しましょう。入力箇所が複数あるテンプレートでは展開後、複数回入力待ち状態になります。

LiveEditでプレビュー

　body内の編集に移る前に、HTMLをプレビューしましょう。LiveEditプラグインをインストールしていなければ、インストールしてください[注2]。またGoogle Chrome（以下Chrome）ブラウザにはJetBrains IDE Supportエクステンションをインストールしましょう[注3]。

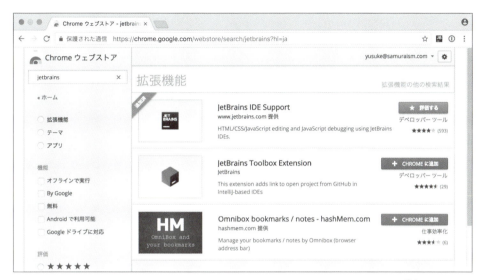

図3.7　ChromeウェブストアよりダウンロードできるJetBrains IDE Supportエクステンション[注4]

　Ctrl + Shift + D（Windowsではファイル名を右クリックして **Debug 'index.html'** を選択）を押すと、ブラウザが起動します。このショートカットは現在開いているファイルをデバッグ実行するためのもので、HTMLファイルを開いている場合はブラウザでプレビュー表示し、JavaScriptのデバッグ状態になります。また、インストール済みのLiveEditプラグインとChromeのJetBrains IDE Supportエクステンションの効果で、HTMLを編集すると、ブラウザでリアルタイムにレンダリング結果を確認できます。

　「JetBrains IDE Supportがこのブラウザをデバッグしています。」という黄色い帯がブラウザ内上部に表示されますが、この帯を消してしまうとリアルタイムプレビューができなくなってしまいますので注意してください。帯を消してしまった場合は、再度IDEでデバッグ実行をすればリアルタイムプレビューができます。なお、今はbodyタグ内は空なので、ブラウザ内には何も表示されていません（図3.8）。

注2　第1章の「プラグインをインストール」（p.20）を参照。
注3　Firefoxを使ったデバッグ方法は、第10章の「ChromeやFirefoxでJavaScriptをデバッグ」（p.211）を参照。
注4　https://chrome.google.com/webstore/detail/jetbrains-ide-support/hmhgeddbohgjknpmjagkdomcpobmllji

図 3.8　LiveEdit プラグインと、JetBrains IDE Support エクステンションによるリアルタイムプレビュー

表3.2に、本節で紹介した操作のショートカットをまとめておきます。

表 3.2　ショートカットまとめ

操作	Mac	Windows	アクション名
プロジェクトツールウィンドウの表示／非表示	Command + 1	Alt + 1	Project
新規ファイル	Command + N	Alt + Insert	New...
設定画面を表示	Command + ,	Ctrl + Alt + S	Settings...
開いているHTMLファイルをブラウザでプレビュー	Ctrl + Shift + D	ファイル名を右クリックして Debug	Debug context configuration

3.2　編集・補完

終了タグの補完

　ファイルの作成、テンプレートの必要箇所の入力が終わったら、いよいよHTMLの編集に入ります。

　エディタペインでは自由にHTMLを入力できますが、補完機能を活用すればタイピングを極力省いて効率的に開発することができます。基本的な補完は自動で行われます。たとえばHTMLでは、開始タグに対応する終了タグが必要となりますので、**<div>** と入力すると、自動的に終了タグ **</div>** が補完されます（図3.9）。div要素内に

はHello JetBrainsと記述しておいてください。

図 3.9　div 開始タグを入力すると終了タグまで自動で補完される

入力候補の補完

　補完内容を機械的に確定できないケースでも、入力補助が可能な場合は候補が自動的に提示されます。`<div>`タグを入力したら`>`の前にカーソルを移動し、スペースを入力しましょう。この場合`<div>`タグの属性を入力する状況というのが明らかなので、`<div>`タグに指定可能な属性の候補が自動的に現れます。カーソルの上下で候補を選択して、⏎で確定できます。この場合は候補があまりにも多いので絞り込みましょう。`cl`と入力すれば`class`、`onclick`、`onclose`、`ondblclick`と、clが含まれるものに絞り込まれます（図3.10）。

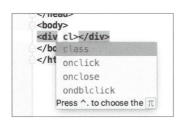

図 3.10　補完候補が表示される

　ここではスタイルシートクラスを指定する属性である`class`を選択し、Tab で補完を完了してください。補完が不要な場合は Esc を押せば補完候補は消えます。誤って補完候補を消してしまった場合や、現在のカーソル位置で補完候補を明示的に出したい場合は、Ctrl + Space で補完候補を表示することができます。

　通常、補完は候補を選択したうえで Tab で確定させますが、⏎で確定することもできます。Tab で確定した場合、後に連続するステートメントを置き換える形で補完しますが、⏎で確定すると、後に続くステートメントはそのままに補完内容がカーソル位置に挿入されます（図3.11）。

第3章 ファイルの編集

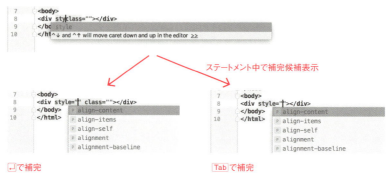

図3.11 挿入補完（⏎）と置き換え補完（Tab）の違い

COLUMN　Emmet/Zen Coding

Emmet[注5]は、標準的なHTMLやCSSを独自の記法で省タイプ入力できる方式で、以前の呼び名であるZen Codingとしても有名です（図3.12）。

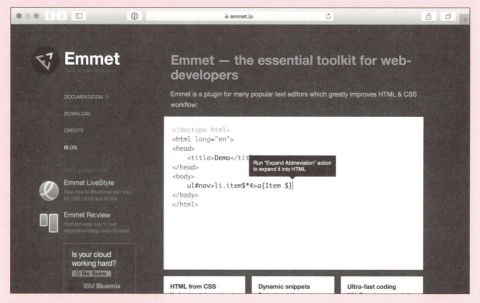

図3.12 Emmet公式サイト

Emmetがユニークなのは特定のツールに依存しないことで、多くのエディタやIDE向けのプラグインが多数用意されています。JetBrains IDEはEmmetに標準で対応しているため、プラグインなどをインストールすることなく、Emmet表記で記述してTabを押すだけで、展開することができます。

注5　http://emmet.io/

膨大な情報量になりますが、公式のチートシート[注6]も参考にすると良いでしょう。次に簡単なEmmet記法の記述例を示します。

表3.3 主なEmmet記法（|はカーソル位置）

省略記法	展開後
.hello	`<div class="hello">`|`</div>`
.hello{Hello World}	`<div class="hello">Hello World</div>`|
a	`<a href="`|`"></a>`
a{Hello Horld}	`<a href="`|`">Hello World</a>`
a[href=http://jetbrains.com]{JetBrains}	`<a href="http://jetbrains.com">JetBrains</a>`
script:src	`<script src="`|`"></script>`
script[src=hello.js]	`<script src="hello.js">`|`</script>`
form:post	`<form action="`|`" method="post"></form>`

Intention Action

続いて、スタイルシートのセレクタとして classname と入力します。

スタイルシートセレクタ classname は現在定義されていませんが、classname にカーソルを当てた状態で Option + ↵ （ Alt + ↵ ）を押すと Intention Action：インテンションアクション（空気を読んだアクションの提示）ポップアップが出現します（図3.13）。

図3.13 Intention Action のポップアップ

いくつかの Intention Action が提示されますが、ここでは未定義のスタイルシートセレクタである classname を定義するアクションである Create Selector（セレクタの作成）を選択します。するとスタイルシートセレクタをどこに定義するべきか選択肢が現れます。定義箇所の選択肢として、**Current file**（現在のファイル）、**New CSS file...**（新しいCSSファイル）、**Existing CSS file...**（既存のCSSファイル）の3種類

注6　https://docs.emmet.io/cheat-sheet/

があります。実際の開発では別ファイルに定義することが多いですが、ここは練習ですので、全体を見通しやすくするために **Current file** を選択して現在のファイル内に定義を作成しましょう。HTMLのヘッダ部分にstyleタグが生成され、中には空の`classname`スタイルシートが定義されました（図3.14）。

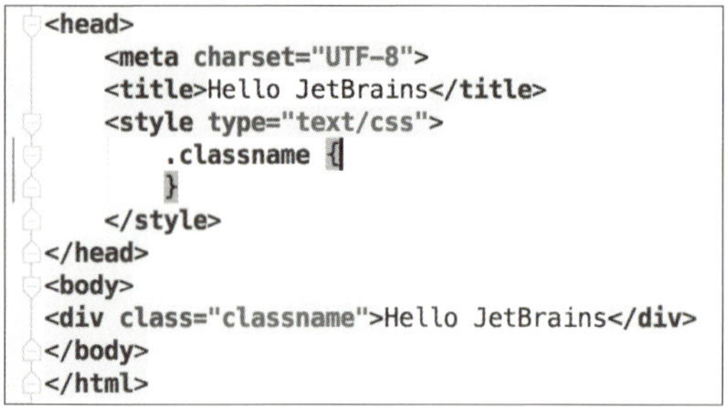

```
<head>
    <meta charset="UTF-8">
    <title>Hello JetBrains</title>
    <style type="text/css">
        .classname {
        }
    </style>
</head>
<body>
<div class="classname">Hello JetBrains</div>
</body>
</html>
```

図 3.14　スタイルシートが生成される

`classname`内にfont-sizeやcolorなど、スタイルシート要素を定義しましょう。もちろんスタイルシート要素を書いている間も補完が働きます。望みの補完候補が表示されたら Tab で確定してください。たとえば **font-si** と入力すれば **font-size:** が、**col** と入力すれば **color:** が補完候補として提示されます。文字列を装飾した結果がリアルタイムにChromeで反映されていることも確認してください（図3.15）。

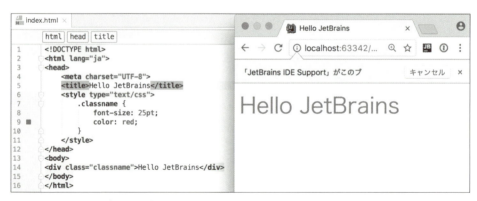

図 3.15　フォントサイズと色を指定

Emmet

　続いて div タグ内に **script:src** と記載し、[Tab] を押します。さきほどコラムで紹介したEmmetの記法である **script:src** が、**<script src="">** と展開されます。続けて、JavaScriptのファイル名として **hello.js** と指定します。まだ **hello.js** というファイルは存在しませんが、**hello.js** にカーソルをあてて [Option]+[↵]（[Alt]+[↵]）を押し、**Create File hello.js**（hello.js ファイルを作成）という Intention Action を選ぶと、IDEが **hello.js** を作成してくれます（図3.16）。

図 3.16　Intention Action から hello.js を作成

　IDEのバージョンや種類によっては、**Create File hello.js** アクションが現れないことがあります。その場合は、プロジェクトペインから新規に **hello.js** ファイルを作成してください。

Live Template

　hello.js 内では、パラメータを2つ受け取って大きいほうの値を返すgetBiggerという名前の関数を書きます。**func** と入力して提示される補完候補を選択し、関数のひな形（**Live Template**）を展開します。Live Templateの定義により関数名とパラメータの手動入力を促されますので、関数名として **getBigger** を入力して [↵]、パラメータとして **arg1, arg2** を入力して [↵] を押すと、関数の本体部にカーソルが移動します（図3.17）。

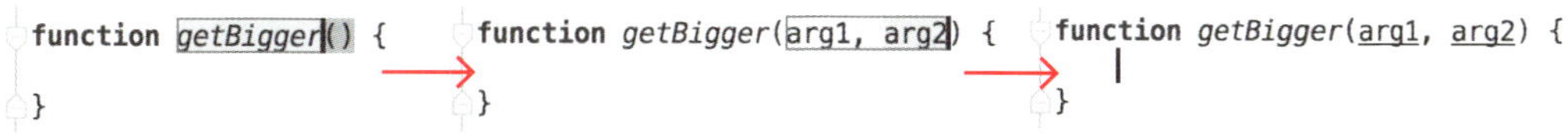

図 3.17　getBigger 関数の記述

Postfix completion

ここではarg1とarg2の大小を比較して、大きいほうの数字を返すという簡単なロジックを書きます。たいへんシンプルなロジックなので三項演算子を使えば1行でも書けますが、ここでは**Postfix completion**：ポストフィックス補完という補完方法の練習のため、ちょっと凝った書き方をします。まずは**arg1>arg2**と大小を比較する式を書きましょう（図3.18）。

```
function getBigger(arg1, arg2) {
    arg1>arg2
}
```

図3.18　まず式から記述する

arg1が大きい場合はtrueとなる式となります。この式を条件とするif文にするには、そのまま続けて`.if`→Tabと入力しましょう（図3.19）。

図3.19　Postfix completionでif文を生成

これがPostfix completionです。コードを推敲するため、IDEのメソッド補完や文法検証機能を使ってまず思いつくままに式を書いたうえで、「この式を使ったif文にしよう」「この式をいったん変数に格納しよう」といった、式から文に組み上げていく場面は多々あります。通常、文に仕上げるためにはカーソルを行頭に移動しなければなりませんが、Postfix completionを使うとカーソル移動なしに文を完成させることができます。

Postfix completionは`.if`のほかにも多数あり、代表的なものを表3.4に挙げます。この他のPostfix completionは、PreferencesダイアログのEditor→General→Postfix Completionから確認できます。またPostfix completionはJavaScript以外にも、PHP、Python、Java、Kotlin、Scalaで利用できます。

表3.4　JavaScriptの主なPostfix completion

postfix	操作
式`.log`	式をconsole.logで出力
式`.var`	式を変数に代入
式`.if`	式を条件文にしたif文を構成
式`.not`	式の条件を反転

編集中に条件式の評価を確認するには

次に、if文内でarg1が大きければarg1を、arg2が大きければelseの中でarg2を返すように実装します（図3.20）。

```javascript
function getBigger(arg1, arg2) {
    if (arg1 > arg2) {
        return arg1;
    }else{
        return arg2;
    }
}
```

図 3.20　関数 getBigger の実装を終えたところ

if文中の条件式がどのように評価されているのか、確認したくなることはよくあります。getBiggerは極めてシンプルなロジックですが、条件式の評価結果をコンソールに出力してみましょう。操作としては、条件式をいったん変数に抽出するリファクタリングを施したうえで、**console.log**で出力するという手順を踏みます。まずはif文の条件式内にカーソルを移動しましょう（図3.21）。

```javascript
function getBigger(arg1, arg2) {
    if (arg1 > arg2) {
        return arg1;
    }else{
        return arg2;
    }
}
```

図 3.21　if文の条件式内にカーソルを配置

Expand Selection

ここで Option + ↑（ Ctrl + W ）を2回押すと式全体が選択状態になります（図3.22）。

```javascript
function getBigger(arg1, arg2) {
    if (arg1 > arg2) {
        return arg1;
    } else {
        return arg2;
    }
}
```

図 3.22　if文の条件式全体が選択された状態

これは、構文に従って選択範囲を広げられる **Expand Selection** というアクションです。「括弧の中」「ダブルクオートの中」「タグの中」、または「括弧も含めて」「ダブルク

オートも含めて」「タグも含めて」など、プログラムを書いている最中に範囲を選択する場面は多数あります。Expand Selectionを活用すると、文脈に従って選択の開始、終了位置をピッタリとIDEが認識するため、範囲をマウスでドラッグしたり、Shift を押しながらカーソルを移動させたりするよりも楽で確実です。

選択範囲が大きくなり過ぎた場合は、Option + ↓ （Ctrl + Shift + W）で選択範囲を縮小できます（**Shrink Selection**）。

変数の抽出

それでは式を選択できたので、次は Option + Command + V （Ctrl + Alt + V）で変数の抽出を行います。デフォルトで変数名として**b**が提案されますが、もう少しわかりやすく**arg1isLarger**としましょう（図3.23）。

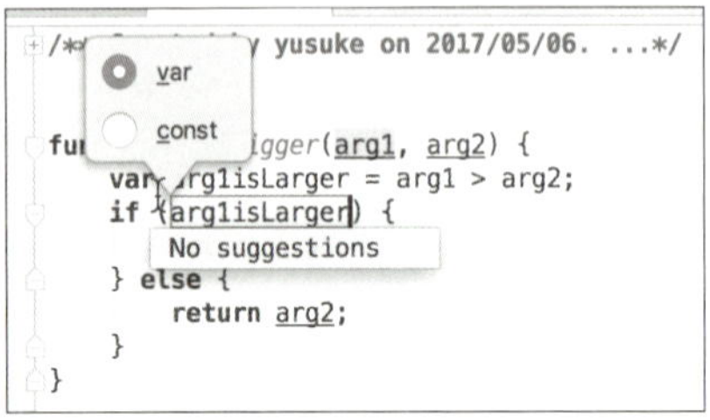

図 3.23　変数を抽出

すでにプログラム中にある特定の式、値をわかりやすい名前の変数に抽出してコードを読みやすくしたり、別の処理を加えたりしたくなる場面はよくあります。この変数の抽出機能を使えば、すばやく確実にリファクタリングが行えますので、積極的に使いましょう。

インライン化

変数の抽出とは逆に、変数を廃止してインライン化することもできます。インライン化を行うには、廃止したい変数にカーソルをあてて Option + Command + N （Ctrl + Alt + N）を押します。

> **COLUMN** 変数の抽出／インライン化と副作用
>
> 変数の抽出とインライン化は、リネームと並んで基本的かつ重要なリファクタリングです。同じ式、または変数が複数回登場する場合はそれらも含めてまとめて抽出、インライン化が行えます。
>
> しかしながら、「副作用」のある式に対して複数ヵ所の抽出、またはインライン化を行うと、プログラムの挙動が変わってしまうことに注意してください。
>
> 変数の抽出とインライン化で候補が複数ヵ所ある場合、まとめて適用するかどうかの確認が求められますが、あくまで同じパターンの式を候補として挙げるだけです。リファクタリング後の挙動が許容できるかどうかについては、プログラマ自身が注意を払う必要があります。
>
> たとえば図3.24の例では変数 j をインライン化していますが、「変数をインクリメントする」という副作用のある式を2回に渡ってインライン化しているため、リファクタリング前後で実行結果が異なってしまいます。前者は0を2回出力しますが、後者ではインクリメントが2回行われてしまうため、0と1を出力します。
>
> 図 3.24 変数のインライン化と副作用

評価結果をコンソールに出力する設定

続いて、arg1isLargerをコンソールに出力します。if文の前に`arg1isLarger.log`と書いてPostfix completion（Tab）を行います（図3.25）。

図 3.25 Postfix completion で arg1isLarger をコンソールに出力する記述

これで、プレビューの際にコンソールに評価結果が表示されるようになります（後述）。

このように、コードを書いている最中に式をコンソールに出力したくなった場合は、Postfix completionを使うとカーソルの移動の手間が省けます。またタイプ数も少なくて済みますので、最初からコンソール出力をしようと思っているときにも、

第3章 ファイルの編集

`console.log(` とタイプするのではなく Postfix completion を用いても良いでしょう。

> **NOTE**　式を標準出力に書き出す文に変換する Postfix completion は他の言語でも用意されており、Java/Kotlin/Scala では **.sout**、PHP では **.echo**、Python では **.print** となります。

パラメータの表示

`index.html` に戻り、`hello.js` に定義した getBigger 関数を呼び出す箇所を記述します。

`index.html` 内の `hello.js` を読み込む script タグから改行を置いて、

- script→`Tab`（<script>|</script>を補完）
- docum→`Tab`（documentを補完）
- .w→`Tab`（.write(|)を補完）
- get→`Tab`（getBigger(|)を補完）

とタイプしていきます。JavaScript 標準のオブジェクトや関数だけでなく、自分で書いた getBigger 関数まで特別な設定なく補完候補に挙がるのがわかります。

パラメータとして 2000 と 2017 を指定すると、大きいほうである 2017 が戻り値となり、ブラウザでも「Hello JetBrains 2017」と表示されるのが確認できます。このとき、コンソールには「false」が表示されます（図 3.26）。

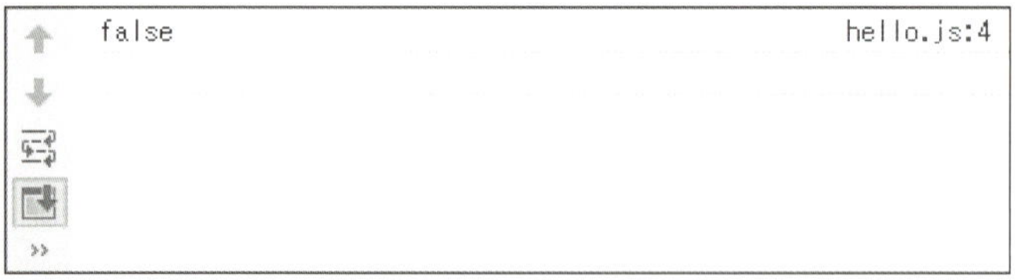

図 3.26　評価結果がコンソールに表示される

getBigger にパラメータとして arg1 と arg2 があることが表示されますが（図 3.27）、補完直後はこれが自動的に表示されます。パラメータの入力を終えることなく、よそへカーソルを移動させてしまったり、パラメータの入力を終えている箇所にカーソルを戻したりした場合は、パラメータは表示されません。その際パラメータを表示させるには `Command`+`P`（`Ctrl`+`P`）を押します。

図 3.27　JavaScript の補完とパラメータ表示

　構文的に正しいHTML、CSS、JavaScriptを、タイプ数を最小限に抑えてすばやく記述できるのを実感していただけたでしょうか。HTML、CSS、JavaScript以外の言語でも、補完やIntention Actionの表示などを同じ操作で行えます。とくに定義内容が自明な箇所などでは、積極的に Alt + ↵ （ Option + ↵ ） **Intention Action** を使ってIDEにコード生成させましょう。

コードフォーマット

　JetBrains IDEはコードを書いている最中、邪魔にならない程度に極力空白やインデントなどをそろえてくれます。もしも編集の過程で空白やインデントの入り方がいびつになってしまっていたら、 Option + Command + L （ Ctrl + Alt + L ）を押すと、ファイル内の空白やインデントなどを整えるコードフォーマットアクションが実行されます（図3.28）。

図 3.28　フォーマット前とフォーマット後

　空白やインデントをどのように入れるか（入れないか）といったコードフォーマットは、PreferencesダイアログのEditor→Code Styleより細かく調整できます。「Scheme」欄に「Project」を指定すると、他のプロジェクトに影響を与えない設定が行えます。またダイアログ内に表示されている例は、実際に好みのコードに修正してどのようにフォーマットされるか確認することができます（図3.29）。

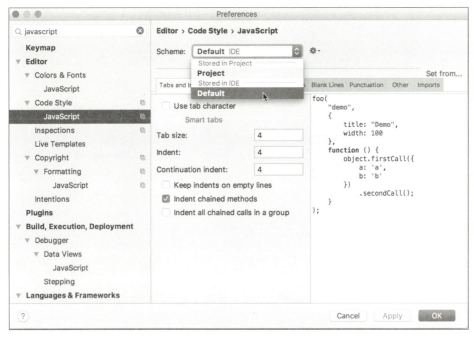

図 3.29　コードフォーマットの設定

リネームリファクタリング

　さて、getBiggerという関数名は適切でしょうか？　「大きいほうを取得する」という意味で通じますが、一般的にget***という名前はインスタンスメソッドに付けることが多いです。2つのうち大きいほう、最大の値を返すという意味でmaxのほうがわかりやすそうですね。

　名前を変更するのは、すべて手動でも、Command＋Shift＋F（Ctrl＋Shift＋F）Find in Path（プロジェクト内で検索）やCommand＋Shift＋R（Ctrl＋Shift＋R）Replace in Path（プロジェクト内で置換）でも行えますが、必要な箇所を変更し忘れたり、必要ない箇所を変更してしまう恐れがあります。安全に名前を変更するにはリネームリファクタリング機能を使いましょう。index.htmlのgetBiggerにカーソルを配置した状態でShift＋F6を押し、現れるダイアログにmaxと入力して名前を変更してください。index.htmlだけではなく、hello.jsの関数名もリネームされます（図3.30）。

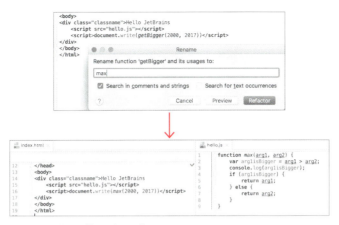

図 3.30 リネーム前とリネーム後

> **NOTE**　リネームリファクタリングは関数名だけではなく、あらゆるシンボル（関数・メソッド名、変数名、クラス名、ファイル名など）に適用できます。スタイルシートクラス名や変数名、ファイル名など、名前がわかりにくいと感じた箇所は積極的にリネームリファクタリングを施して、プロジェクトをメンテナンスしやすい状態に保ちましょう。

表3.5に、本節で紹介した操作のショートカットをまとめておきます。

表 3.5　ショートカットまとめ

操作	Mac	Windows	アクション名
補完（カーソル位置の単語を補完内容で置換）	Tab	Tab	
補完（カーソル位置に補完内容を挿入）	↵	↵	
補完候補の表示	Ctrl + Space	Ctrl + Space	
空気を読んだアクションを表示	Option + ↵	Alt + ↵	Intention Action
コードフォーマット	Option + Command + L	Ctrl + Alt + L	Reformat Code
パラメータの表示	Command + P	Ctrl	Parameter Info
選択範囲の拡大	Option + ↑	Ctrl + W	Expand Selection
選択範囲の縮小	Option + ↓	Ctrl + Shift + W	Shrink Selection
変数の抽出	Option + Command + V	Ctrl + Alt + V	Extract Variable
インライン化	Option + Command + N	Ctrl + Alt + N	Inline...
リネームリファクタリング	Shift + F6	Shift + F6	Rename

第4章 実行・デバッグ

ここでは前章で紹介した補完機能を応用しながら、いわゆるFizzBuzz[注1]を行うJavaプログラムを記述したうえで、実行・デバッグを行います。Java言語に絞っていますのでIntelliJ IDEA向けになりますが、基本的な実行やデバッグ方法は、他の言語、ほかのJetBrains IDEでも変わりありません。

4.1 FizzBuzzコードの記述

Mavenプロジェクトの作成

まずは**File**メニューの**New | Project...**より新しいプロジェクトを作ります。プロジェクトの種類として**Maven**を選択し、「Project SDK」ではインストール済みのJDKを指定します（図4.1）。

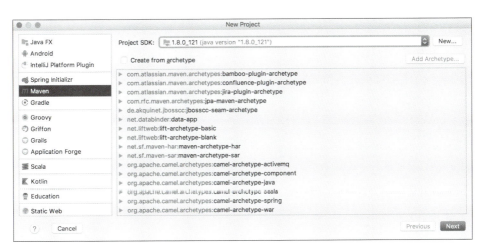

図4.1 プロジェクト形式とSDKの選択

注1 Fizzbuzzは、整数を順番にインクリメントしながら3の倍数の場合は`fizz`を、5の倍数の場合は`buzz`を、3と5の倍数の場合は`fizzbuzz`を、どちらの倍数でもない場合は整数そのものをプリントするプログラムです。プログラミングの基本を理解しているか確認するためによく使われる問題です。

Nextボタンを押し、「GroupId」「ArtifactId」にそれぞれ**MyGroup**、**MyArtifact**と入力し、Nextボタンを押します（図4.2）。

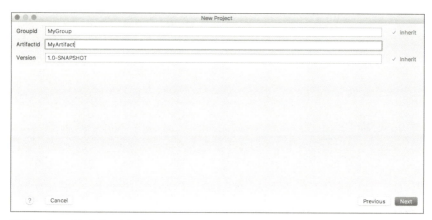

図 4.2　GroupId、ArtifactId の入力

プロジェクトの保存ディレクトリは任意の場所を指定し、Finishボタンを押します（図4.3）。

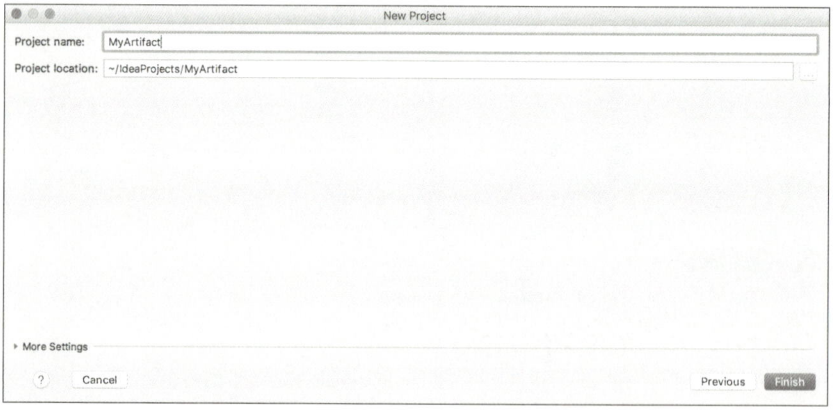

図 4.3　プロジェクトの保存ディレクトリの指定

インポート機能

「Maven projects need to be imported」というバナーが右下に現れますので、**Enable Auto-import**をクリックします（図4.4）。これはMavenの設定ファイルである`pom.xml`にライブラリ依存が追加された場合などに、プロジェクトへ自動的に反映させるための設定になります。

図 4.4 Maven のプロジェクトを作成したところ

　本章ではライブラリ依存を追加することはありませんが、実際のプロジェクトでライブラリを使わないことは通常ありませんので、普段から自動インポートを有効化しておきましょう。プロジェクト作成時のバナーで自動インポートを有効化し忘れた場合は、Preferencesダイアログの Build, Execution, Deployment→Build Tools→Maven→Importing の **Import Maven projects automatically** にチェックを入れることで有効化できます (図4.5)。

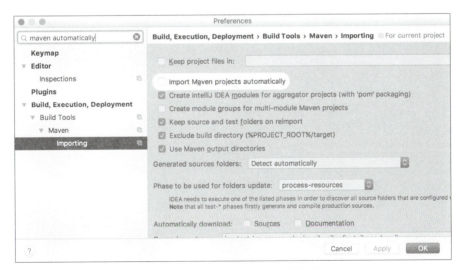

図 4.5 設定画面からも Maven プロジェクトの自動インポートは有効化可能

　任意のタイミングでプロジェクトのインポートを行いたい場合は、画面右端の Maven Projects ツールウインドウを開き、「Reimport All Maven Projects」ボタンを押します (図4.6)。

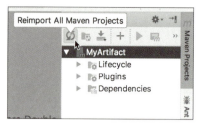

図 4.6　手動で Maven プロジェクトをインポートしなおすことも可能

Java ファイルの作成

　プロジェクトの作成が完了したら、いよいよソースコードを作成してプログラミング開始です。Command + 1 （Alt + 1）でプロジェクトツールウィンドウにフォーカスをあてたらカーソルキーの下と右を使い、src/main/javaディレクトリにカーソルを移動させ、Command + N （Alt + Insert）でMainという名前のJavaファイルを作成します（図4.7）。

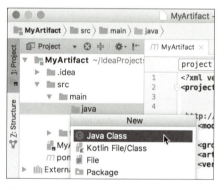

図 4.7　Java ファイルの作成

　IntelliJ IDEAでJavaファイルを作成する際に入力するのはファイル名だけです。mainメソッドを作ったり、親クラスを指定したりといったオプションはなく、シンプルにクラスかインターフェースかを指定するだけです（図4.8）。

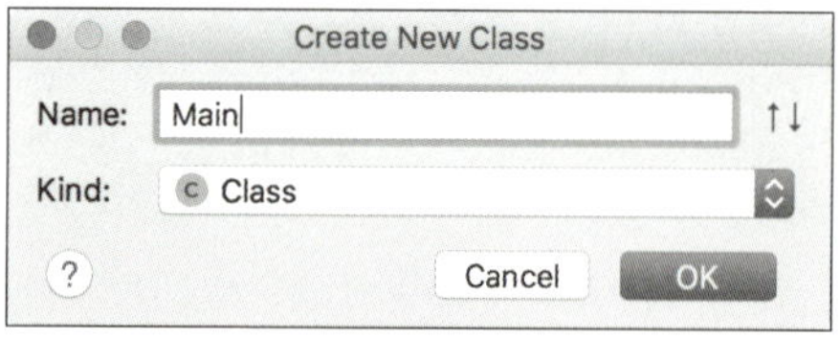

図 4.8　Java ファイルの作成ダイアログ

Javaファイルを作成すると、図4.9のように中身が空のクラス宣言が作られています。

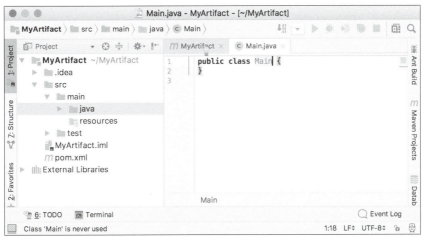

図 4.9　Java ファイルの作成が完了したところ

Inspection

　作成したJavaファイルを見ると、クラス名がグレーになっており、スクロールバー上でも黄色くなっています。黄色くハイライトされているのは、ファイルの静的解析（**Inspection**：インスペクション）の結果で、プログラムの文法上、間違いではないものの、修正するのが好ましい警告箇所です。ここでMainクラス名にカーソルを置き、Command + F1（Ctrl + F1）で警告内容を確認しましょう（図4.10）。

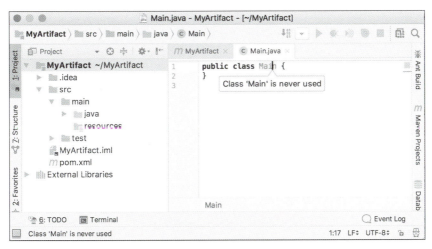

図 4.10　警告を簡易表示

つまりこの警告は、「Mainクラスというクラスの定義があるものの、どこからも参照されていないため不要なのかもしれない」ということを説明しています。通常、新規に作ったクラスはどこからも参照されていなくて当然ですので、今回この警告は無視して構いません。開発を進めるうちに不要となったクラスがこのような警告で見つかった場合は、Option+↵（Alt+↵）**Intention Action**を使って警告を解消してみましょう（図4.11）。

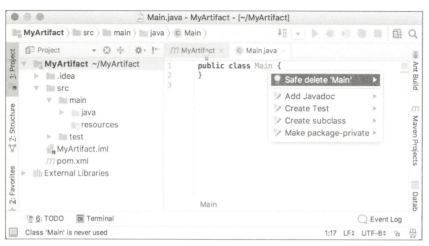

図4.11　Intention Actionから Safe delete 'Main' を選択

Safe deleteではJavaコードだけでなく、リフレクションなどを使ってMainクラスを参照している可能性のある箇所を洗い出し、確認を求めたうえで削除してくれます。

Inspectionの設定と表示

警告が不要であればIntention ActionのSafe delete 'Main'の右側のメニューを展開し、Inspectionの設定を変更できます（図4.12）。

図4.12　Inspectionの設定

表 4.1 に、設定の項目を挙げます。

表 4.1　Inspection 設定ポップアップ

項目名	内容
Edit inspection profile setting	該当の Inspection を含めて、Inspection の設定画面を開く
Fix all 'Unused declaration' problems in file	ファイル内で同様の問題をすべて修正する
Run inspection on ...	該当 Inspection のヒット箇所を、プロジェクト内の他のファイルからも探す
Disable inspection	該当 Inspection を無効化する
Suppress all inspections for class	このクラスで Inspection をすべて無効化する[注2]
Suppress for class	このクラスで該当 Inspection を無効化する[注2]

なお警告メッセージは、エディタやスクロールバーで黄色くハイライトされた領域にマウスカーソルを重ねることでも確認できます (図 4.13)。

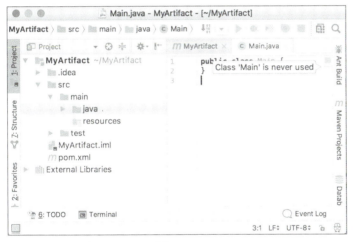

図 4.13　マウスホバーで表示される警告

スクロールバーの一番上には、ファイル全体の解析結果の要約が表示されます (図 4.14)。

注2　クラス内、ファイル内での Inspection の無効化をすると、@SuppressWarnings("DefaultFileTemplate") といった IDE が認識するためのアノテーションやコメントがコードに挿入されます。

図4.14　スクロールバー上部にマウスホバーで表示される解析結果

> **NOTE**　スクロールバーの一番上は、警告が1つでもあれば黄色く■、エラーが1つでもあれば赤く❶なりします。普段コーディングする際は警告もエラーもないことを示す緑色✓にすることを目指しましょう。

main メソッドの記述

ここからは、今まで紹介してきた機能をフルに使ってmainメソッドを記述します。

Javaのmainメソッドは修飾子が多くて記述が面倒ですので、Live Templateを使いましょう。Mainクラス内で**psvm**と入力して Tab を押せば、mainメソッドが作成されます（図4.15）。

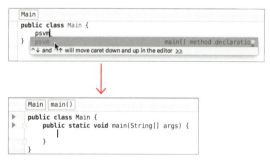

図4.15　Live Template:psvmでmainメソッドを一気に書き上げる

続いて、0から順にカウントアップするためにfor文によるループを書きます。**fori**→ Tab でLive Templateを展開するとforループになります。インデックス用の変数名はデフォルトの**i**のままで、終了条件となる上限の数は**100**とします（図4.16）。

4.1 FizzBuzz コードの記述

```
public class Main {
    public static void main(String[] args) {
        fori
    }                fori                    Create iteration loo
}        ^↓ and ^↑ will move caret down and up in the editor ≥≥
```

↓

```
public class Main {
    public static void main(String[] args) {
        for (int i = 0; i < 100; i++) {

        }
    }
}
```

図 4.16　Live Template:fori で for ループを作成

　続いてプリントする文字列を記録するための変数outを定義します。"".varと入力して Tab を押し、Postfix completion で変数定義を行います（図4.17）。

```
public class Main {
    public static void main(String[] args) {
        for (int i = 0; i < 100; i++) {
            "".var
    }                "".var        T name = exp
    }        Press ^. to choose the selected (or firs
}
```

↓

```
    */
public class      ☐ Declare final
    public            (String[] args) {
        for (int i    0; i < 100; i++) {
            String s =  "";
    }                5
    }            Press ⇧→I to change type
}
```

↓

```
public class Main {
    public static void main(String[] args) {
        for (int i = 0; i < 100; i++) {
            String out = "";
        }
    }
}
```

図 4.17　Postfix completion:var で変数 out を定義

　3で割り切れる場合はfizzと出力する処理を記述します。ここではまたPostfix completionを活用し、iが3で割り切れるかどうかを求める式i%3==0を先に書き、続けて.if→ Tab でif文を構成します（図4.18）。

55

第 4 章　実行・デバッグ

```java
public class Main {
    public static void main(String[] args) {
        for (int i = 0; i < 100; i++) {
            String out = "";
            i%3==0.if
        }       if    if (expr
    }      Press ^. to choose the sel
}
```

```java
public class Main {
    public static void main(String[] args) {
        for (int i = 0; i < 100; i++) {
            String out = "";
            if (i%3==0) {
                |
            }
        }
    }
}
```

図 4.18　Postfix completion:if で 3 で割り切れる場合の if 文を構成

　変数 out に文字列 fizz を追加するコードを書きますが、out+="fizz とタイプする
と、自動的に文字列 fizz を閉じるダブルクオートが補完されます。カーソルを右に移動
してセミコロン ; をタイプするのは面倒ですから、ステートメント補完のショートカッ
ト Command + Shift + ↵ (Ctrl + Shift + ↵) でこの行のコードを完成させましょう（図
4.19）。

```java
if (i%3==0) {              if (i%3==0) {
    out+="fizz"                out += "fizz";
}                          }
```

図 4.19　ステートメント補完で書きかけのコードを完成させる

　同様に、5 で割り切れる場合は変数 out に文字列 buzz を追加するコードを書きます（図
4.20）。

```java
for (int i = 0; i < 100; i++) {
    String out = "";
    if (i%3==0) {
        out += "fizz";
    }
    if (i%5==0) {
        out += "buzz";
    }
    |
}
```

図 4.20　5 で割り切れる場合のコードも完成

　続いて「3 でも 5 でも割り切れない場合」のコードを書きます。人間は、否定する式を
書くのが得意ではありません。IntelliJ IDEA では、まず肯定する式から書いて否定の式
に反転させるのが楽です。「3 で割り切れる式」である i%3==0 を書いたあと、.not という
Postfix completion を使うと、式の真偽を反転させられます（図 4.21）。

図 4.21　Postfix completion:not で式の真偽を反転

　後は「5で割り切れない式」を書きます。**&&**をはさんで「5で割り切れる式」を書き、**.not**で反転させようとすると、先ほどとは違う挙動になります。直前の「5で割り切れる式」を反転させるのか、**&&**より前の「3で割り切れる式」も含めて反転させるのか、選択を求められます。**&&**より前の部分はすでに反転済みですので、後半部分を反転するパターンを選択しましょう（図4.22）。

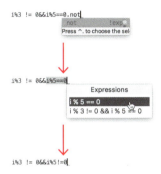

図 4.22　Postfix completion:not 適用にあたり反転対象範囲を選択

　「3でも5でも割り切れない式」が完成したので、**.if**のPostfix completionを使ってif文を構成し、変数**out**に数字**i**を追加するコードを書きます（図4.23）。

```
if (i%3 != 0&& i%5 !=0) {
    out += i;
}
```

図 4.23　3でも5でも割り切れない場合のロジックが完成

　最後に**out**を標準出力にプリントするための文を書きますが、Live Templateを使って**sout**+Tab→**out**で完成します。または、Postfix completionを使って**out.sout**→Tab と入力することも可能です（図4.24）。

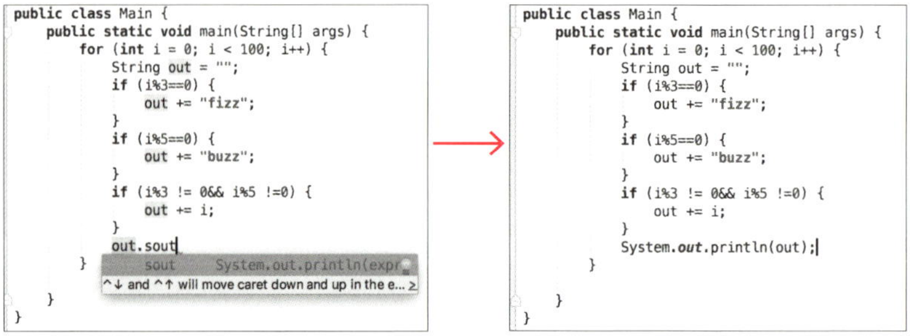

図 4.24　プリント文を追加して FizzBuzz 完成

4.2　FizzBuzz の実行

実行の範囲

アプリケーションの実行は Ctrl + Shift + R （Ctrl + Shift + F10）で行います（図 4.25）。

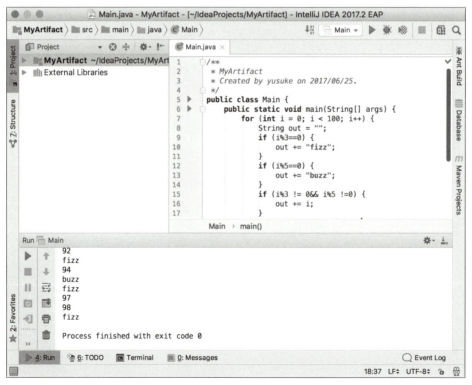

図 4.25　FizzBuzz を実行

0から順に整数が表示されているでしょうか？　また、15の倍数の代わりにfizzbuzzが、3の倍数の代わりにfizzが、5の倍数の代わりにbuzzが表示されていれば正常に動作しています。

Ctrl+Shift+R（Ctrl+Shift+F10）は、

- mainメソッドがあるクラスではmainメソッド
- JUnitテストケース内でテストメソッド内にカーソルがあればテストメソッド1件
- テストメソッド外にカーソルがあればテストケース内のテストメソッド全件

をそれぞれ実行します。カーソルが、実行可能なクラス、メソッド内にない場合は、Ctrl+R（Shift+F10）で前回と同じ箇所を実行できます。

COLUMN　Macの入力ソースとショートカット

IDEのショートカットは、日本語インプットメソッドが処理してしまい、うまく使えないことがあります。たとえばMacで入力ソースとして日本語入力が有効になっている状態でShift+Ctrl+Rを押すと、日本語入力の機能が働いてしまって実行できないことがあります（図4.26）。

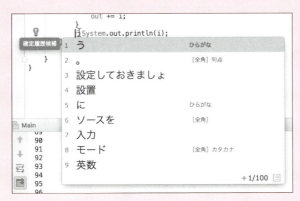

図4.26　ATOKの例——Ctrl+Shift+Rを押すと「確定リピート」機能が働く

日本語のコメントやシンボル名を入力するとき以外、プログラミング時は入力ソースを「U.S.」に設定しておきましょう。U.S.入力ソースはシステム環境設定→キーボード→入力ソースより追加できます（図4.27）。

第 4 章　実行・デバッグ

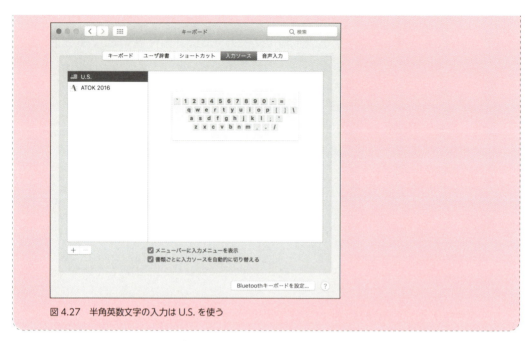

図 4.27　半角英数文字の入力は U.S. を使う

　アプリケーションの実行は、実行可能なクラスやメソッドのコード左脇にあるボタンからも可能です。

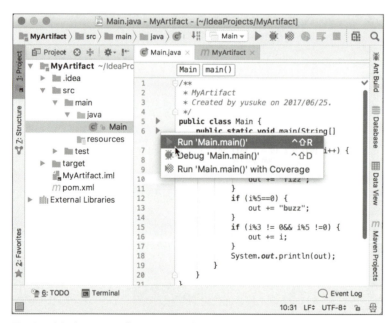

図 4.28　実行ボタンからアプリケーションを実行

コンパイルエラー

アプリケーションの実行時にはコンパイルが行われますが、コードに問題があってコンパイルに失敗すれば実行は行われず、コンパイルエラーメッセージがMessagesツールウィンドウに表示されます（図4.29）。

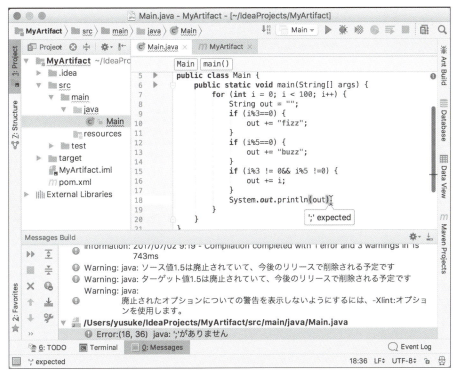

図4.29　コンパイルエラー表示

エラーメッセージをダブルクリックするか、F2 を押すとエラーのある箇所にカーソルが移動します。

Eclipseのようにコーディング中にProblemsツールウィンドウにコンパイルエラーを表示する（図4.30）には、PreferencesダイアログのBuild, Execution, Deployment→Build Tools→Compilerの**Build project automatically**にチェックを入れておきます（図4.31）。

第 4 章　実行・デバッグ

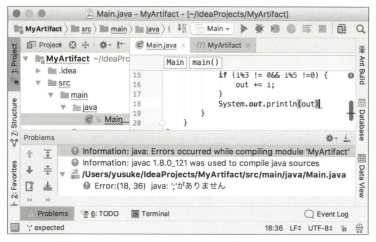

図 4.30　Problems ツールウィンドウに表示されるコンパイルエラー

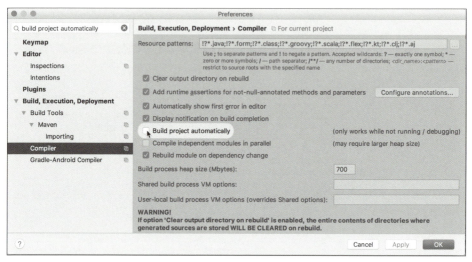

図 4.31　自動ビルドの有効化

4.3　FizzBuzz のデバッグ

メソッドの抽出

　FizzBuzz プログラムが正常に動作することを確認したら、今度はデバッグ実行方法を確認してみましょう。まず準備として、デバッガの機能を試しやすいように、main メソッド内の処理を一部メソッドとして切り出すリファクタリングを施します。

　main メソッド内に 3 つ連なっている if 文をまとめて選択し、Command + T （ Shift +

Ctrl + Alt + T ）を押し、リファクタリングのポップメニューを出します。

JetBrains IDEはさまざまなリファクタリング機能を備えていますが、頻繁に呼び出すわけではないリファクタリング機能のショートカットをすべて覚えるのはたいへんです。 Command + T （ Shift + Ctrl + Alt + T ）さえ覚えておけば、一通りのリファクタリング機能にアクセスできて便利です。

Refactor Thisポップアップからは**Extract | Method**を選択します（図4.32）。

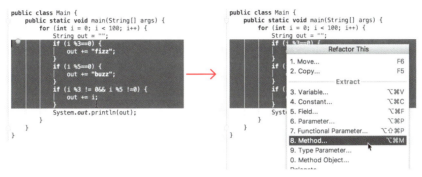

図4.32　抽出対象コードを選択してリファクタリングメニューからメソッドの抽出を選択

Extract Methodというダイアログが現れますので、メソッド名を`fizzbuzz`とし、メソッド抽出を完了します（図4.33、図4.34）。

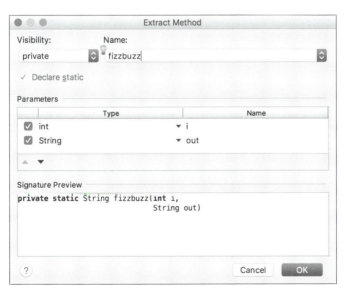

図4.33　Extract Methodダイアログで抽出するメソッドの名前やパラメータ名を指定

```java
public class Main {
    public static void main(String[] args) {
        for (int i = 0; i < 100; i++) {
            String out = "";
            out = fizzbuzz(i, out);
            System.out.println(out);
        }
    }

    private static String fizzbuzz(int i, String out) {
        if (i %3==0) {
            out += "fizz";
        }
        if (i %5==0) {
            out += "buzz";
        }
        if (i %3 != 0&& i %5 !=0) {
            out += i;
        }
        return out;
    }
}
```

図 4.34　fizzbuzz メソッドの抽出を終えたコード

ブレークポイント

　プログラム内の任意の行で Command + F8 (Ctrl + F8) を押すか、コードの左側をクリックすると、赤い丸印が付いて、デバッグ実行時に一時停止するブレークポイントを設定できます。

　Ctrl + Shift + D (Windowsにはショートカットがないため★ボタン) でデバッグを実行すると、ブレークポイントに到達したタイミングでプログラムが一時停止します。ブレークポイントで停止すると、画面下のDebugツールウィンドウにて変数の値やコールスタック[注3]を確認できます (図4.35)。

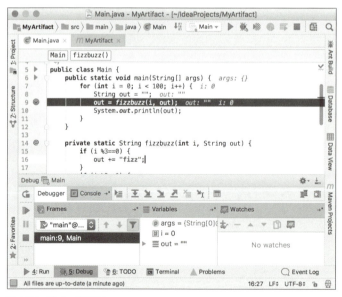

図 4.35　デバッグ実行中

注3　クラス、メソッドの呼び出し順序を重ねたもの。

デバッグの実行制御

ブレークポイントで停止後は、次のボタンまたはショートカットでさまざまな実行状態の制御ができます。

- ▶ 再開
  一時停止状態を解除して、次のブレークポイントまで実行を続けます。
- ステップオーバー
  現在の行を実行したあと、次の行を実行する前に再度一時停止します。
- ステップイントゥ
  停止行にメソッド呼び出しがあれば、メソッド呼び出し先に入って再度一時停止します。停止行にメソッド呼び出しがない場合はステップオーバーします。呼び出すメソッドが、Preferencesダイアログの Build, Execution, Deployment → Debugger → Stepping（図4.36）で指定されているものであれば、入り込むことなくステップオーバーします。

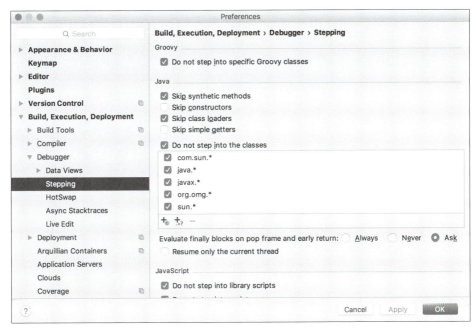

図4.36　ステップイントゥのスキップ設定

デフォルトでは標準ライブラリやクラスローダー、合成メソッド[注4]をスキップする設定になっています。ライブラリやフレームワークなどの詳細な挙動を確認する必要がない場合などは、該当パッ

注4　子クラスでメソッドをオーバーライドする際、親クラスで定義されている戻り値の子クラスを指定した場合（共変戻り値型と呼ばれます）に、コンパイラが自動的に生成するブリッジメソッドです。

ケージを「Do not step into the classes」欄で指定しておくと良いでしょう。

- **強制ステップイントゥ**
  ステップイントゥと同じですが、スキップ設定を無視してどんなメソッドにもステップイントゥします。
- **ステップアウト**
  停止しているメソッドを最後まで実行したあとで再度一時停止します。
- **カーソルまで実行**
  一時停止状態を解除して、カーソルまたは次のブレークポイントまで実行を続けます。
- **式評価**
  Evaluate Expressionというダイアログが現れ、任意の式を評価したり、文を実行したりできます。たとえば、現在の`i`の値が偶数かどうかは、`i%2==0`と入力してEvaluateボタンを押せば確認できます（図4.37）。

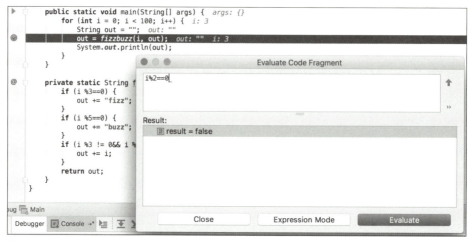

図 4.37　式の評価結果は「Result」欄に表示される

Evaluate Expressionを活用すれば、無闇にデバッグログを出力するコードを書いて都度実行を繰り返すことなく、効率的にデバッグが行えます。また、インスタンスのsetterメソッドを呼び出したり、変数に値を代入したりといった副作用を伴うコードも実行できるので、再現条件がシビアな場合や、通常あり得ない値をとった場合の挙動を確認したい場合にも便利です（図4.38）。

4.3 FizzBuzz のデバッグ

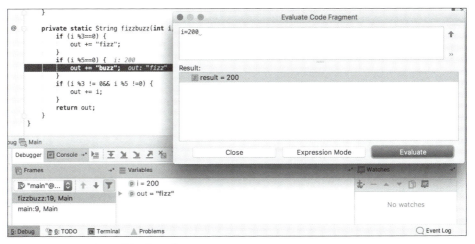

図 4.38 あり得ない値も強制的に代入可能

- ドロップフレーム

現在のスタックフレームを破棄して元に戻ります。スタックフレームとは、JVMで現在のメソッド呼び出し以降に行われたローカル変数の状態などを保持している領域です。これを破棄することで、メソッド呼び出し以前の状態に戻すことができます。スタティック変数や、インスタンス変数、ファイルシステムに加えた変更など、ローカル変数以外の状態は元に戻らないため注意が必要です。式評価で変数やフィールドの値に変更を加えることで、プログラムを再起動することなく、さまざまなパターンにおけるコードの挙動を試すことができます。

◆ ◆ ◆

再開、ステップオーバー、ステップイントゥの動作の違いをまとめたのが図4.39です。

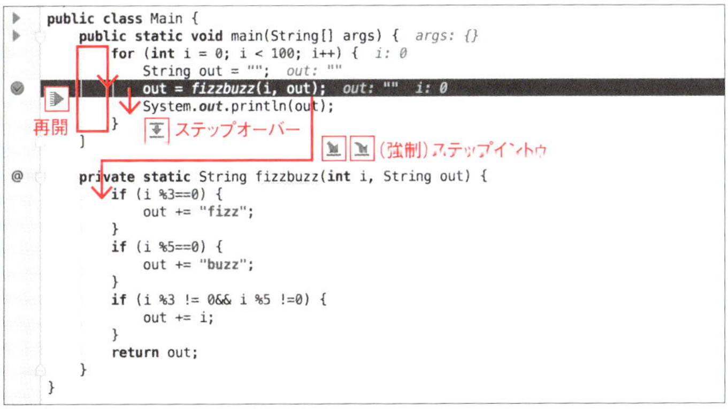

図 4.39 再開、ステップオーバー、ステップイントゥの動作の違い

67

第 4 章　実行・デバッグ

　ステップアウト、ドロップフレームの動作の違いをまとめたのが図4.40です。ステップアウトでは、実行中のメソッドを最後まで実行したうえで呼び出し元の次の行で停止します。ドロップフレームでは、実行中のメソッドを途中で破棄して呼び出し前の状態に戻って停止します。

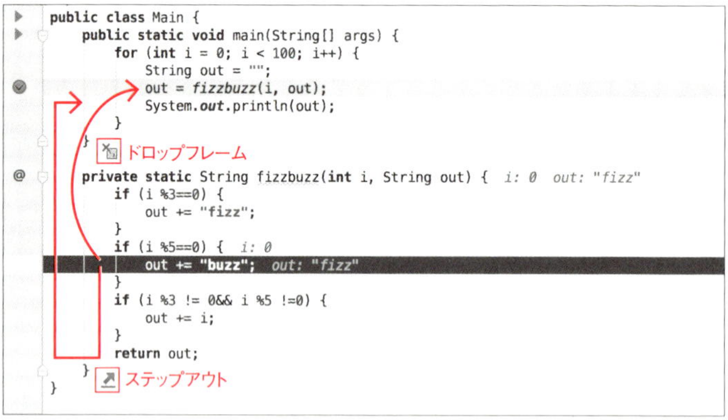

```java
public class Main {
    public static void main(String[] args) {
        for (int i = 0; i < 100; i++) {
            String out = "";
            out = fizzbuzz(i, out);
            System.out.println(out);
        }
    }
                                            ドロップフレーム
    private static String fizzbuzz(int i, String out) {  i: 0  out: "fizz"
        if (i %3==0) {
            out += "fizz";
        }
        if (i %5==0) {  i: 0
            out += "buzz";  out: "fizz"
        }
        if (i %3 != 0&& i %5 !=0) {
            out += i;
        }
        return out;
    }
                        ステップアウト
}
```

図 4.40　ステップアウト、ドロップフレームの動作の違い

68

COLUMN パースペクティブがない？

　Eclipseの特徴的な機能としてパースペクティブがあります。パースペクティブは、エディタペインやコンソール、プロジェクト構造などを、どこに表示する／しないといったレイアウトのセットをIDEが覚えておき、タイミングに応じて自動的に切り替える機能です。たとえば、デフォルトではJavaパースペクティブとなっており、デバッグ実行時には自動的にデバッグパースペクティブへ切り替わります。

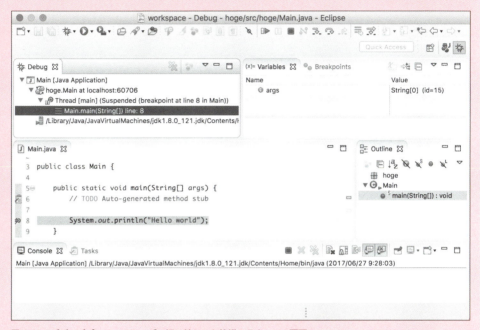

図4.41　デバッグパースペクティブに切り替わった状態のEclipseの画面

　JetBrainsのIDEにパースペクティブはなく、左側にプロジェクトツールウィンドウ、中央にエディタペインという基本的なレイアウトは変わらず、状況に応じて左、下、右のいずれかにツールウィンドウが表示されます。そしてデバッグ実行時はコンソールやステップ実行用のアイコンが画面下部に表示されるのみです。

　現在フォーカスがあたっているツールウィンドウは、Shift+Escで隠すことができます。また、WindowメニューのStore Current Layout as Default（図4.42）で現在のレイアウトを保存しておき、いつでもShift+F12で保存済みのレイアウトに復帰することができます。

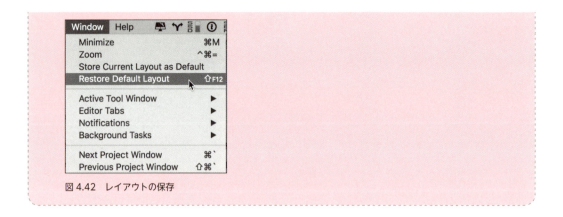

図 4.42 レイアウトの保存

ブレーク条件

ブレークポイント位置を示す赤丸を右クリックすると、「Condition」欄にてブレーク条件を指定することができます。例として挙げているコードでは100回停止しますが、たとえば`i == 50`と指定しておけば、`i`が50のときだけ停止するようになります（図4.43）。

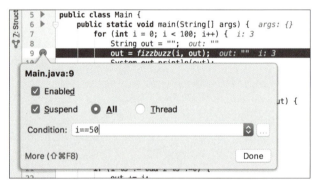

図 4.43 ブレーク条件の指定

さらに「More」を押すとBreakpointsダイアログが表示され、詳細な挙動を指定できます。「Log message to console」をチェックすればブレークポイントに到達したことを標準出力に記録します。「Suspend」のチェックを外しておけば、都度停止することなく、行に到達したことだけを確認できるため、繰り返しの再現テストをしている場合などで便利です（図4.44）。

4.3 FizzBuzzのデバッグ

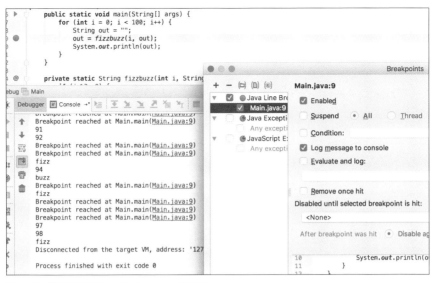

図 4.44　指定行に到達したことをコンソールに出力

「Evaluate and log」にチェックを入れて式を入力しておくと、ブレークポイントに到達したタイミングで式を評価した結果が記録されます（図4.45）。将来的に残す必要のないメッセージであれば、デバッグ文をコードに埋め込むのではなく「Evaluate and log」を利用すると良いでしょう。

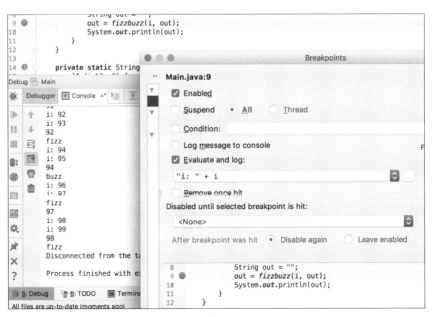

図 4.45　ブレークポイント到達時に式を評価してプリント

Breakpointsダイアログは Command + Shift + F8 （ Ctrl + Shift + F8 ）でも表示することができ、行ブレークポイントの他に、例外にもブレークポイントを設定することができます。

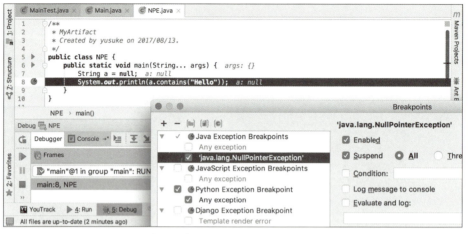

図 4.46 NullPointerException にブレークポイントを設定した様子

表4.2に、実行・デバッグ関連の操作のショートカットをまとめておきます。

表 4.2　実行・デバッグ実行関連ショートカットまとめ

操作	Mac	Windows	アクション名
カーソル位置で実行	Ctrl + Shift + R	Ctrl + Shift + F10	Run context configuration
実行	Ctrl + R	Shift + F10	Run
ブレークポイントの設定	Command + F8	Ctrl + F8	Toggle Line Breakpoint
デバッグ実行	Ctrl + Shift + D	なし	Debug context configuration
Breakpointsダイアログ	Command + Shift + F8	Ctrl + Shift + F8	View Breakpoints

表4.3には、デバッグ関連のアイコンとショートカットをまとめておきます。

表 4.3　デバッグ用のアイコンとショートカットまとめ

操作	アイコン	Mac	Windows	アクション名
再開	▶	Command + Option + R	F9	Resume Program
ステップオーバー	⤓	F8	F8	Step Over
ステップイントゥ	↘	F7	F7	Step Into

操作	アイコン	Mac	Windows	アクション名
強制ステップイントゥ	⬎	Option + Shift + F7	Alt + Shift + F7	Force Step Into
ステップアウト	⬈	Shift + F8	Shift + F8	Step Out
カーソルまで実行	⬎Ⅰ	Option + F9	Alt + F9	Run to Cursor
式評価	▦	Option + F8	Alt + F8	Evaluate Expression
ドロップフレーム	⬐	なし	なし	Drop Frame

4.4 実行結果の巻き戻し Ultimate

　一般的に、デバッガは任意のタイミングでプログラムを停止したり、ステップ実行したり、値を表示したりということができますが、(限定的にできるドロップフレームを除き)動作状態を戻すことはできません。IntelliJ IDEAは、実行中に変数の値の移り変わりを記録しておいて巻き戻し再生する機能が組み込まれており、問題箇所の特定に大いに役立ちます。これは、Chronon Systems社の開発したChronon Time Travelling Debugger(以下Chronon)というユーティリティで実現されています。他社の製品になりますが、IntelliJ IDEA UltimateにはChrononのライセンスが組み込まれており、追加費用なしに利用できます。

Chronon プラグインのインストールと設定

　Chrononを使うには、PreferencesダイアログのPluginsで「Install JetBrains plugin…」ボタンを押して、Chrononプラグインをインストールします(図4.47)。

第 4 章　実行・デバッグ

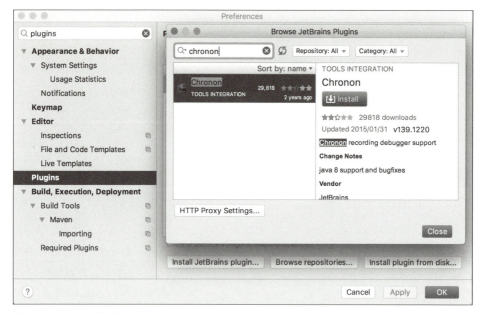

図 4.47　Chronon プラグインのインストール

　Chronon プラグインをインストールすると実行、デバッグなどのアイコンと並んで Chronon で実行するためのアイコン が表示されます。Chronon で実行状態を記録するには、あらかじめ記録対象のクラスを設定しておく必要があります。設定は、**Run** メニューの **Edit Configurations...** より行います（図 4.48）。

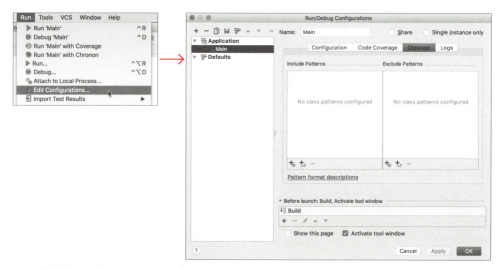

図 4.48　Run メニューの Edit Configurations...

今回はMainという単一のクラスのみを記録対象として設定するので、Mainクラスの実行設定のChrononタブから、「Include Patterns」欄のアイコン を押し、Choose ClassダイアログよりMainクラスを指定します（図4.49）。

図4.49　記録対象クラスの指定

パッケージ単位で記録対象のクラスを指定したい場合は、「Include Patterns」欄のアイコン を押してフィルタリングパターンを指定します。フィルタリングパターンにはワイルドカードを使うことができ、.*で指定パッケージ内のクラスをすべて、.**でサブパッケージも含む指定パッケージ内のクラスすべてを指定できます（図4.50）。

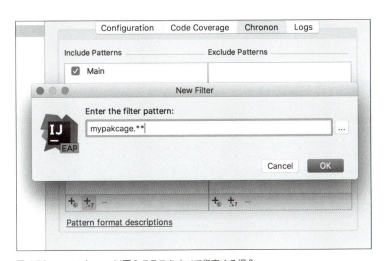

図4.50　mypackages以下のクラスをすべて指定する場合

「Include Pattern」欄で指定したパターンから、特定のクラス、パッケージを除外したい場合は、「Exclude Pattern」欄で指定します。

Chrononで実行

記録対象のクラスを指定したら、Chrononで実行するアイコン◎よりプログラムを実行します。一見、デバッグ実行してmainメソッドの先頭で停止しているかのような画面になります。

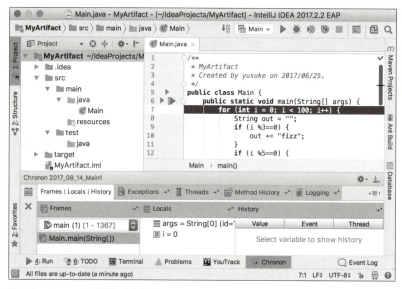

図 4.51　Chrononで実行したところ

これはデバッグ実行で停止しているのではなく、さきほど指定したMainクラスを記録しながらいったん最後まで実行を終えたうえで、一番最初に巻き戻した状態になります。この段階でJVMはすでに終了しています。

また、Chrononでの実行は通常のデバッグ実行とは違うため、ブレークポイントが指定されていても止まることはありません。プログラムの実行は終えていますが、デバッグ実行中と同じようにステップオーバー、ステップイントゥ、ステップアウト、カーソルまで実行で状態を進めることができます。さらにステップバックワード、カーソル位置までバックワード実行で、録画してあるビデオのように状態を戻すこともできます。

また「Locals」欄に表示される変数をクリックすると、プログラム実行中にその変数に代入された値を一覧することができます。たとえばiを選択すると「History of i」欄で、iに0から100までの整数が順に代入されたことを確認できます（図4.52）。

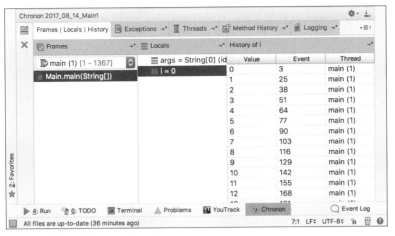

図4.52 変数 i に代入された値の一覧

「History of i」欄の特定の行をダブルクリックすると、その値になったタイミングへジャンプすることができます（図4.53）。今回のプログラムでは i は単調増加するだけですが、実際のデバッグでは、意図していないのに値が null になったり負の値になったりという箇所へジャンプして、ステップバックワード すれば、問題の起きている箇所を効率良く突き止めることができます。

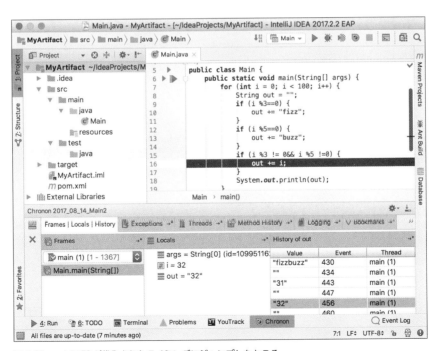

図4.53 out に 32 が代入されたタイミングにジャンプしたところ

第4章 実行・デバッグ

4.5 テストケースの作成

　テストケースの実行方法を確認するため、fizzbuzz プログラムのテストケースを作ります。まず fizzbuzz メソッドの private 修飾子を削除して、Command + Shift + T（Ctrl + Shift + T）を押します。これはテストケースに移動するためのショートカットですが、今はテストケースがないため作成を促す選択肢が現れますので、選んでください（図4.54）。

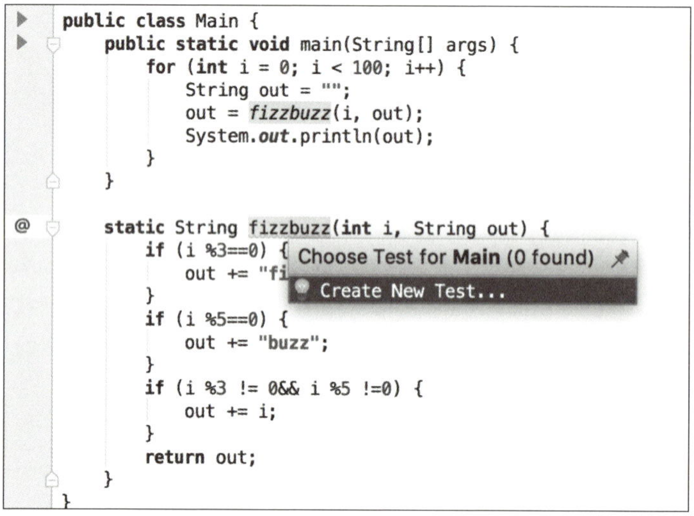

```java
public class Main {
    public static void main(String[] args) {
        for (int i = 0; i < 100; i++) {
            String out = "";
            out = fizzbuzz(i, out);
            System.out.println(out);
        }
    }

    static String fizzbuzz(int i, String out) {
        if (i %3==0) {          Choose Test for Main (0 found)
            out += "fi          Create New Test...
        }
        if (i %5==0) {
            out += "buzz";
        }
        if (i %3 != 0&& i %5 !=0) {
            out += i;
        }
        return out;
    }
}
```

図 4.54　テストケースの作成または移動

　Create Test というダイアログが現れます。現在テストライブラリである JUnit がプロジェクトに含まれていないため、Fix を押してください。pom.xml に JUnit への依存が記載されます。またテスト対象のメソッドとして fizzbuzz を選択のうえ、OK を押します（図4.55）。

78

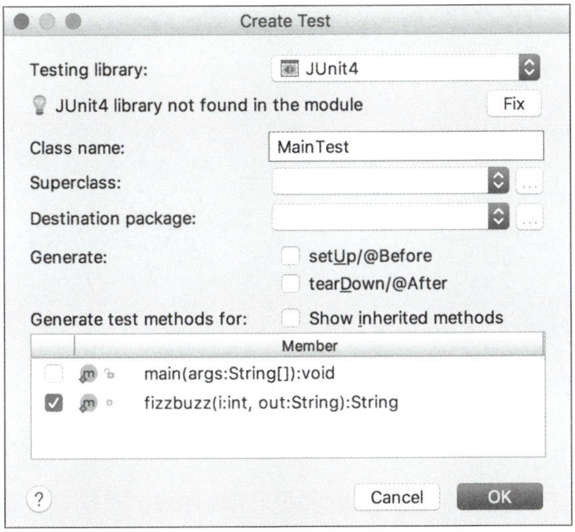

4.5 テストケースの作成

```
● ● ●                    Create Test
Testing library:           [ JUnit4                    ⌄ ]
    💡 JUnit4 library not found in the module      [ Fix ]
Class name:               [ MainTest                    ]
Superclass:               [                          ⌄ ] ...
Destination package:      [                          ⌄ ] ...
Generate:                 ☐ setUp/@Before
                          ☐ tearDown/@After
Generate test methods for:  ☐ Show inherited methods
┌──────────────────── Member ────────────────────┐
│ ☐  🅼 ᵇ  main(args:String[]):void                │
│ ☑  🅼 ◦  fizzbuzz(i:int, out:String):String      │
└─────────────────────────────────────────────────┘
 (?)                          [ Cancel ]   [ OK ]
```

図 4.55 テストケースの作成

　空のテストケースが作成されました（図4.56）。

```
    ┌MainTest┐
1   ┌import org.junit.Test;
2   │
3   ┌import static org.junit.Assert.*;
4   │
5   ┌/**
6     * MyArtifact
7     * Created by yusuke on 2017/07/14.
8   └*/
9  ▶ public class MainTest {
10      @Test
11 ▶    public void fizzbuzz() throws Exception {
12      }
13
14  }
```

図 4.56 作成されたテストケース

　ここでもし、**@Test**アノテーションに赤線が引かれている場合は、前のダイアログでFixを押し忘れています。赤線が引かれている箇所にカ　ソルを移動し、Option + ⏎（Alt + ⏎）を押して**Add 'JUnit4' to Classpath**を選択すれば、**pom.xml**が修正されてJUnitがクラスパスに通るようになります（図4.57）。

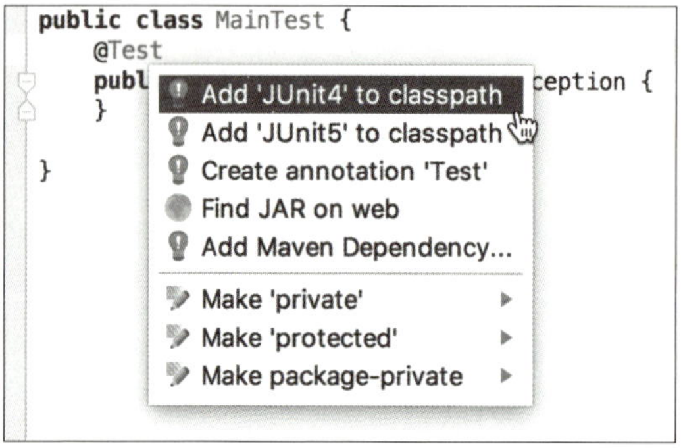

第4章　実行・デバッグ

```
public class MainTest {
    @Test
    publ ┌──────────────────────────────────────┐ ception {
    }      │ ⚠ Add 'JUnit4' to classpath          │
           │ 💡 Add 'JUnit5' to classpath 👆       │
}          │ 💡 Create annotation 'Test'          │
           │ 🌐 Find JAR on web                    │
           │ 💡 Add Maven Dependency...            │
           │                                        │
           │ 🔧 Make 'private'              ▶       │
           │ 🔧 Make 'protected'           ▶       │
           │ 🔧 Make package-private       ▶       │
           └──────────────────────────────────────┘
```

図 4.57　Intention Action から必要なライブラリ依存を追加

　テストメソッドをコピーして、図4.58のように**15**、**3**、**5**、**10**を渡した場合をテストするメソッドを作成します（このコード例はわざと失敗するテスト内容になっています）。

```java
import org.junit.Test;

import static org.junit.Assert.*;

/**
 * MyArtifact
 * Created by yusuke on 2017/07/14.
 */
public class MainTest {
    @Test
    public void fizzbuzz() throws Exception {
        assertEquals( expected: "fizzbuzz", Main.fizzbuzz( i: 15, out: ""));
    }
    @Test
    public void fizz() throws Exception {
        assertEquals( expected: "fizz", Main.fizzbuzz( i: 3, out: ""));
    }
    @Test
    public void buzz() throws Exception {
        assertEquals( expected: "buzz", Main.fizzbuzz( i: 5, out: ""));
    }
    @Test
    public void number() throws Exception {
        assertEquals( expected: "10", Main.fizzbuzz( i: 10, out: ""));
    }
}
```

図 4.58　実装したテストケース

4.6　テストケースの実行

　テストケースは ⌈Ctrl⌉ + ⌈Shift⌉ + ⌈R⌉（⌈Ctrl⌉ + ⌈Shift⌉ + ⌈F10⌉）で実行できます。このとき、カーソルがテストメソッド内にあればにそのテストメソッドのみを実行し、テストメソッド外にあればテストクラス内のテストメソッドをすべて実行します（図4.59）。

80

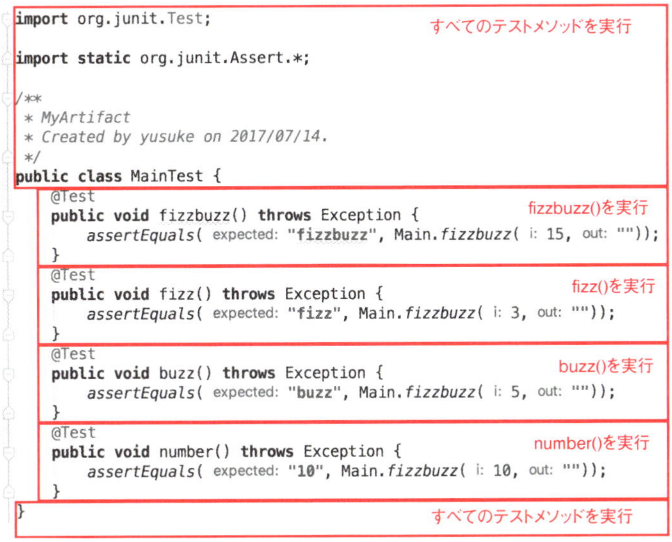

図 4.59　カーソル位置と、実行されるテストメソッド

　また、テストクラスやテストメソッド横のアイコンをクリックすることでも、テストの
実行やデバッグが行えます（図4.60）。

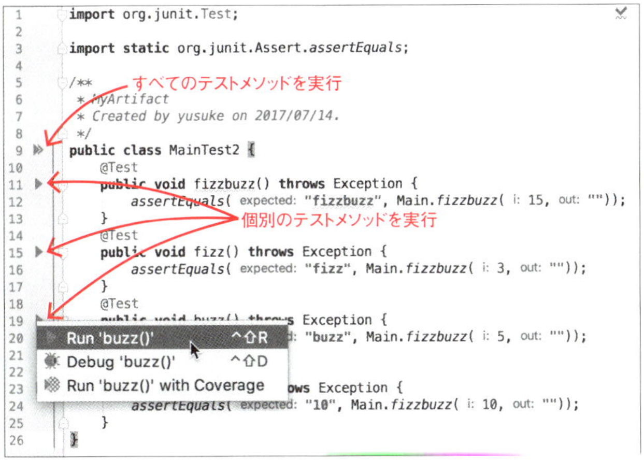

図 4.60　クラス、メソッド横のアイコンからテスト実行・デバッグが可能

　図4.61は全テストメソッドを実行した結果の画面です。画面下部のRunツールウィン
ドウでは失敗したテストと成功したテストを色分けしています。また各テストメソッド
の横でも実行の成否を色分け表示します。

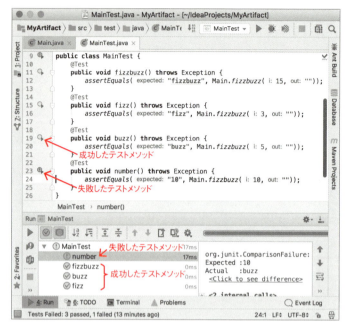

図 4.61　テストケース実行結果画面

　テスト実行後は、以下のボタンまたはショートカットでさまざまなテストの制御ができます。

- ▶テスト再実行
  テストを再度実行します。
- 失敗したテスト再実行
  失敗したテストメソッドのみ再実行します。
- 自動テスト切り替え
  自動テストの有効／無効を切り替えます。自動テストを有効にした状態でタイピングが数秒ないと、IDEが自動的にテストを実行します。
- 成功したテストの表示／非表示切り替え
  成功したテストを表示するかどうかを切り替えます。テストケースが多い場合は、失敗したテストケースのみを表示すると良いでしょう。
- テスト結果のエクスポート
  テスト結果をHTMLやXML形式でエクスポートします。
- テスト履歴の表示、インポート
  過去のテスト実行結果を再度表示することができます。修正したつもりのないテストケースが通ってしまった場合などは、過去の実行結果を確認すると良いでしょう。また、XML形式でエクスポート済みのテスト結果を読み込んで再度IDEで表示することもできます。

今回のテストコード例では、fizzbuzzメソッドに10を渡したところ、期待する**10**ではなく**buzz**が返ってきているので失敗しています。10は5の倍数のため、**buzz**が返ってくるのは正常な動作ですので、テストケース側を修正する必要があります。たとえば7を渡して7が返ることを期待するテストに修正すれば、全テストケースが成功します（図4.62）。

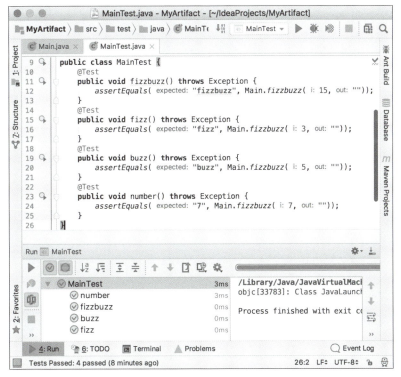

図 4.62　全テストケースが通った状態

表4.4に、テスト関連のショートカットをまとめておきます。

表 4.4　テスト関連ショートカットまとめ

操作	Mac	Windows	アクション名
テストケースに移動（作成）	Command + Shift + T	Ctrl + Shift + T	Navigate Test
カーソル位置のテストケース実行	Ctrl + Shift + R	Ctrl + Shift + F10	Run context configuration
テストの再実行	Command + R	Ctrl + R	Rerun

第5章 プロジェクト内の移動（Navigation）

　プログラムを書いている最中、「この変数の定義はどうなっているんだろう？」「このメソッドはどのような実装になっているんだろう？」「この定数を参照している箇所は？」といった疑問は、自分が書いたコードでも他人が書いたコードでも頻繁に発生します。

　IDEを使っていて便利なのは、プログラム中のシンボル（関数・メソッド名、変数名、クラス名、ファイル名など）の参照関係を簡単に追跡できることです。JetBrains IDEはプロジェクト中の変数、メソッド、クラスといったあらゆるシンボルを解析して、相互の参照関係を把握しています。同じファイル中だけでなく、ファイルをまたがっていても、またHTMLとJavaScript、Javaコードなどとテンプレートファイルの言語が違っていても、変数を定義している箇所へジャンプしたり、逆にメソッドを利用している箇所を一覧表示／ジャンプしたりといったことを、すばやく行えます。

　JetBrains IDEでは、プロジェクト内でコードの参照関係を追跡してジャンプする機能を**Navigation**：ナビゲーションと呼びます。

5.1　シンボル間のNavigation

シンボル定義箇所へジャンプ

　Navigationの基本はシンボル間のジャンプです。変数やメソッドなど、シンボルを参照している箇所にカーソルを置いた状態で Command + B （ Ctrl + B ）を押すと、そのシンボルを定義している箇所へジャンプします。定義箇所は参照元と同じファイルにあっても、別のファイルにあってもかまいません。HTMLファイル（`*.html`）からJavaScriptファイル（`*.js`）内に定義されている関数の参照元へ、またJavaファイル（`*.java`）内からPropertiesファイル（`*.properties`）のプロパティの参照元へ、IDEが対応している技術を使っていれば、言語やファイル種別が異なっていてもジャンプできます（図5.1）。

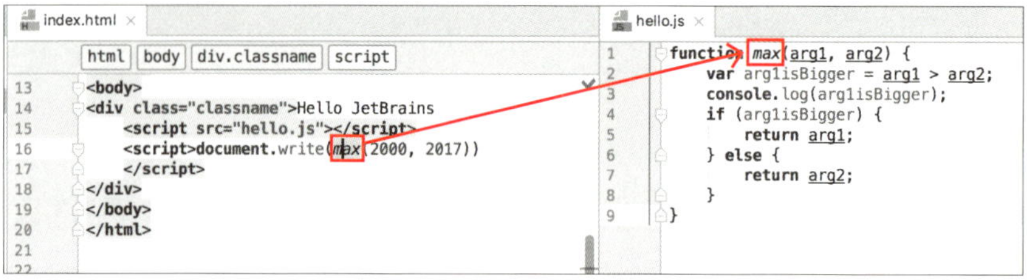

図 5.1　定義箇所へのジャンプ

シンボル利用箇所を一覧

シンボルにカーソルを置いた状態で Option + F7 （ Alt + F7 ）を押すとFindツールウィンドウが現れ、シンボルを利用している箇所を一覧表示します。検索結果をダブルクリックすれば、それぞれの利用箇所にジャンプすることができます（図5.2）。シンボルの利用箇所が1ヵ所しかない場合は一覧表示をすることなく、直接利用箇所へジャンプします。

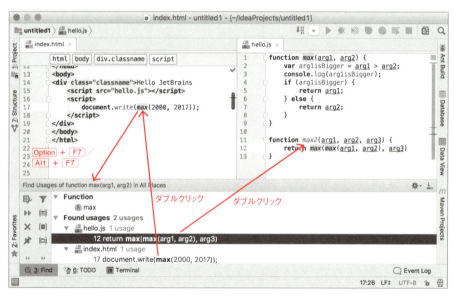

図 5.2　利用箇所の検索

シンボル利用箇所をポップアップ表示

シンボルの利用箇所の検索は、 Command + Option + F7 （ Ctrl + Alt + F7 ）でも行えます。このショートカットではFindツールウィンドウを出すことなく、利用箇所の一覧をポップアップ表示します（図5.3）。利用箇所の一覧を見ながら順にコードを追ってい

くような場面でなければ、こちらのほうがすばやくて便利です。

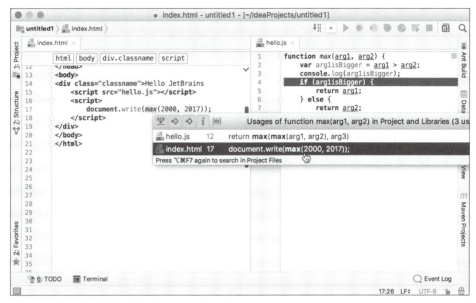

図 5.3　利用箇所のポップアップ表示

[Command]+[B]（[Ctrl]+[B]）はシンボルの定義箇所にジャンプするショートカットですが、シンボルの定義箇所にカーソルがある状態で押すと、[Command]+[Option]+[F7]（[Ctrl]+[Alt]+[F7]）を押した場合と同じく、利用箇所の一覧ポップアップ表示を行います。

ジャンプ前のコードに戻る

シンボルの定義や利用箇所を確認後、元のコードに復帰したい場合は[Command]+[[]（[Ctrl]+[Alt]+[←]）を押します。プロジェクト内を続けざまにジャンプした場合もIDEはジャンプの履歴を覚えていますので、[Command]+[[]（[Ctrl]+[Alt]+[←]）を押す度に1つ前の箇所に順に復帰します。ここで、もう一度ジャンプ先を確認したい場合は、[Command]+[]]（[Ctrl]+[Alt]+[→]）を押します。

クラス間の移動

継承機構を持った言語で開発している場合、子クラスから親クラスへ移動する場合は[Command]+[U]（[Ctrl]+[U]）を押します（図5.4）。このショートカットは、クラス名にカーソルが置かれていない状態でも有効です。

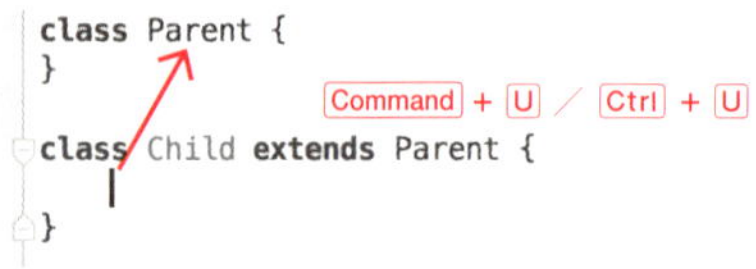

第5章　プロジェクト内の移動（Navigation）

```
class Parent {
}
                        Command + U ／ Ctrl + U
class Child extends Parent {

}
```

図5.4　親クラスへの移動

　親クラス／インターフェース名にカーソルを置いた状態で Option + Command + B （ Ctrl + Alt + B ）を押すと、子クラス／実装クラスの一覧をポップアップ表示したうえでジャンプできます（図5.5）。

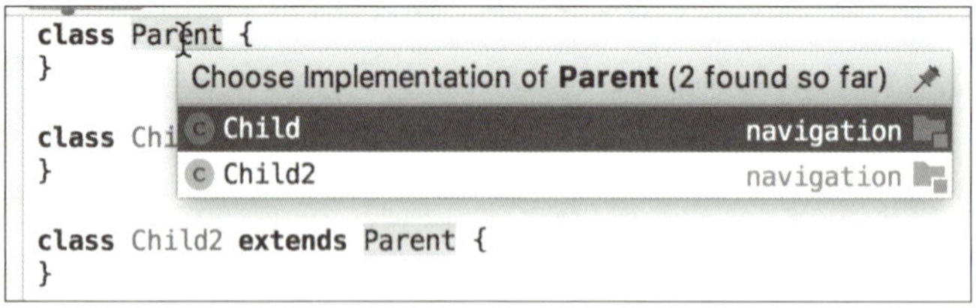

```
class Parent {
}        Choose Implementation of Parent (2 found so far) 📌
class Chi    Ⓒ Child                    navigation
}            Ⓒ Child2                   navigation
class Child2 extends Parent {
}
```

図5.5　子クラス一覧のポップアップ表示

5.2　ファイルのNavigation

直近のファイルを開く

　開発中は数多くのファイルを開いて行ったり来たりします。直近で開いたファイルはタブ化されているのでそこから開き直すことができますが、タブの位置はファイルを開く度に変化していくため、目的のファイルを探して開くのはやや非効率です。一番多い操作は、直前に開いたファイルを開き直すことですが、それには専用のショートカット Ctrl + Tab を使いましょう（図5.6）。

　このSwitcherポップアップは、 Command + Tab や ■ + Tab で表示されるアプリケーションスイッチャーと同じしくみで、 Ctrl を押し続けたまま Tab を押した回数だけ前のファイルを開くことができます。つまり、2つ前のファイルを開くには Ctrl を押しながら Tab を2回押したうえで Ctrl を離します。

88

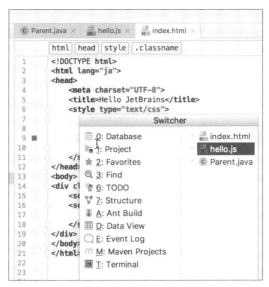

図 5.6　Switcher ポップアップで直近のファイルをすぐに開くことができる

直近のファイルを一覧

　同様に、タブを複数回押せば3つ前、4つ前……のファイルを開くこともできますが、⎡Ctrl⎦ を押し続けたまま ⎡Tab⎦ を何回も押すのはたいへんです。3つ以上前に開いたファイルを再度開き直したい場合は、最近開いたファイルをポップアップで一覧表示してくれる ⎡Command⎦ + ⎡E⎦（⎡Ctrl⎦+⎡E⎦）**Recent Files** を使いましょう（図5.7）。

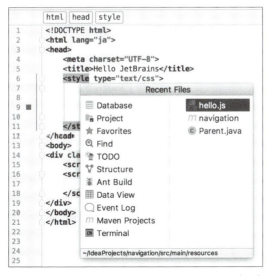

図 5.7　最近開いたファイルを一覧できる Recent Files ポップアップ

Recent Filesのポップアップからはマウス、カーソルでファイルを選択するだけでなく、ファイル名の一部をタイプすることで絞り込みを行うこともできます。

5.3 ディレクトリのNavigation

ナビゲーションバーを使って移動

プロジェクトのディレクトリを行き来するには、Command+1（Alt+1）でプロジェクトツールウィンドウを開いてプロジェクトの階層構造を確認するのが最も直感的です。しかしながら、現在編集中のファイルと同じ階層や、1つ上の階層を確認したいだけなのにいちいちプロジェクトツールウィンドウに戻るのは面倒です。そこで便利なのがナビゲーションバーです。ナビゲーションバーは画面上部にあるいわゆる"パンくずリスト"で、プロジェクトルートから現在開いているファイルまで包含しているディレクトリ階層を表示しています（図5.8）。

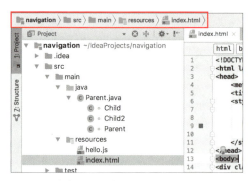

図5.8　ナビゲーションバー

図5.8からは、現在開いている`index.html`がプロジェクトルートから`src`、`main`、`resources`という順にディレクトリに格納されていることが読み取れます。ナビゲーションバーはクリックすることが可能で、たとえば、同じ`resources`ディレクトリに配置されている`hello.js`を開くには`resources`ディレクトリをクリックしてファイル一覧から`hello.js`をクリックします（図5.9）。

図5.9　ナビゲーションバーのディレクトリをクリックして同じ階層のファイルを確認

ナビゲーションバーのその他の操作

　ナビゲーションバーを開いている状態は、プロジェクトツールウィンドウでファイルやディレクトリにフォーカスが当たっている状態と同じです。つまり Command + N （ Alt + Insert ）で新しいファイルを作成したり、 Shift + F6 でファイル名をリネームしたりといった操作も可能です。

　また、ナビゲーションバーは Command + ↑ （ Alt + Home ）でフォーカスを当てることができます。たとえば、現在開いているファイルと同じ階層に新しくファイルを作成するのであれば、

- Command + ↑ （ Alt + Home ）
- Command + N （ Alt + Insert ）

とタイプします。

　左右のカーソルキーで階層を移動し、下で階層内のファイル一覧を表示することもできますので、たとえば、現在開いているファイルの一階層上からJavaScriptファイルを探したければ、

- Command + ↑ （ Alt + Home ）
- ←
- ↓
- .js

とタイプします。

5.4　編集箇所に戻る

　開発中、プロジェクト内のいろいろな箇所を参照したうえで、最後の編集位置に戻りたくなるケースはしばしばあります。一通り参照し終わって、コーディングを続行する場合は、 Command + Shift + Delete （ Ctrl + Shift + Back Space ）を押すと、最後に編集した位置にカーソルが戻ります。

5.5 ファイル名やシンボル名を指定して開く

Search Everywhere

　開きたいファイルやクラス名がわかっている場合は、Shift を2回押してSearch Everywhereポップアップを表示し、名前（またはその一部分）を入力します。Search EverywhereポップアップではIDEのアクション名、設定項目名、ファイル名、シンボル名などあらゆるアイテムの名前を指定してすばやく開くことができます（図5.10、図5.11、図5.12）。

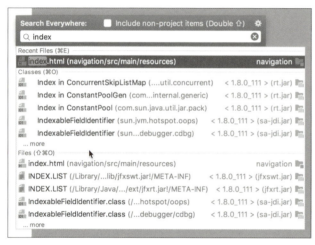

図 5.10　Search Everywhere ポップアップよりファイル（`index.html`）を開く

図 5.11　Search Everywhere ポップアップよりクラス（`Parent`）を開く

図 5.12　Search Everywhere ポップアップよりシンボル（max）を開く

検索範囲が狭い Navigation

　Search Everywhereは Shift を2回押すだけと操作が手軽な反面、ヒット件数が多くなりがちです。これは絞り込みが手間であったり、検索結果が表示されるまで時間がかかったりといったデメリットになるため、検索範囲がより狭いショートカットを覚えておくと良いでしょう。

- **ファイル名を指定する場合**： Command + Shift + O （ Ctrl + Shift + N ）
- **クラス名を指定する場合**： Command + O （ Ctrl + N ）
- **シンボル名を指定する場合**： Option + Command + O （ Ctrl + Shift + Alt + N ）

　図5.13、図5.14、図5.15では、個別のショートカットを使うことで、より少ないタイプ数で絞り込みが行えているのが確認できます。

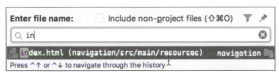

図 5.13　ファイル名を指定して開く

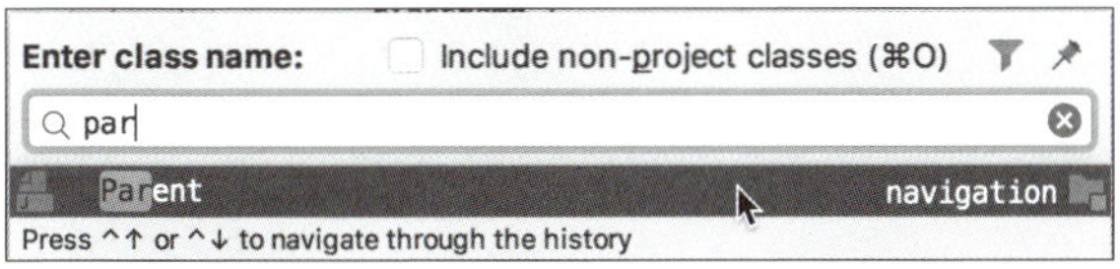

図 5.14　クラス名を指定して開く

第 5 章　プロジェクト内の移動（Navigation）

図 5.15　シンボル名を指定して開く

表5.1に、Navigation関連の操作のショートカットをまとめておきます。

表 5.1　Navigation 用のショートカットまとめ

操作	Mac	Windows	アクション名
定義箇所へジャンプ	Command + B	Ctrl + B	Declaration
プロジェクト内の利用箇所を一覧	Option + F7	Alt + F7	Show Usages
プロジェクト内の利用箇所ポップアップ	Command + Option + F7	Ctrl + Alt + F7	Show Usages
利用箇所をポップアップ	定義箇所で Command + B	定義箇所で Ctrl + B	Show Usages
ジャンプ前の位置に復帰	Command + [	Ctrl + Alt + ←	Back
ジャンプ後の位置に復帰	Command +]	Ctrl + Alt + →	Forward
子クラスから親クラスへジャンプ	Command + U	Ctrl + U	Super Class
子クラスの一覧ポップアップ	Option + Command + B	Ctrl + Alt + B	Implementation(s)
1つ前のファイルを表示	Ctrl + Tab	Ctrl + Tab	Switcher
2つ前のファイルを表示	Ctrl + Tab + Tab	Ctrl + Tab + Tab	Switcher
最近開いたファイル一覧ポップアップ	Command + E	Ctrl + E	Recent Files
最後の編集箇所にジャンプ	Command + Shift + Delete	Ctrl + Shift + Back Space	Last Edit location
アイテム名を指定	Shift 2回 + アイテム名	Shift 2回 + アイテム名	Search Everywhere
ファイル名を指定して開く	Shift + Command + O	Ctrl + Shift + N	File...
クラス名を指定して開く	Command + O	Ctrl + N	Class...
シンボル名を指定して開く	Option + Command + O	Shift + Ctrl + Alt + N	Symbol...

第6章 バージョン管理システム

JetBrains IDEはGit、Subversionをはじめとする主要なバージョン管理システム（VCS）に対応しています。本章では、現在最も人気のあるGitをベースに解説しますが、他のVCSでも操作は大きく変わりません。Gitの操作はSourceTreeやGitHubデスクトップアプリ、またはコマンドラインから操作することが一般的ですが、プロジェクトやコードの構造を把握しているJetBrains IDEならではの操作性、効率の良さを活かしましょう。

6.1 実行バイナリの指定

JetBrains IDEの機能のほとんどはJavaで実装されていますが、Gitの操作はネイティブのGitコマンドを呼び出すことで実現しています。GitコマンドはJetBrains IDEとともに自動的にインストールされるわけではありませんので、別途インストールしておきましょう。

Gitコマンドのインストールが完了したら、PreferencesダイアログのVersion Control→Gitを開き、「Path to Git executable」にGitコマンドのパスを指定します（図6.1）。

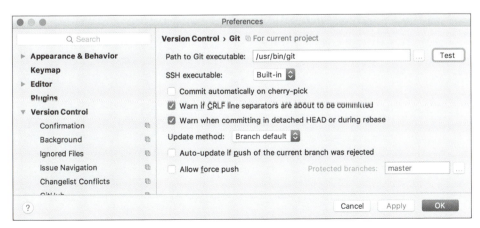

図6.1　gitコマンドパスの指定

Git連携機能が有効化されていなければ、PreferencesダイアログのVersion Control→Gitは表示されません。その場合は、PreferencesダイアログのPluginsよりGit Integrationプラグインを有効化してください（図6.2）。

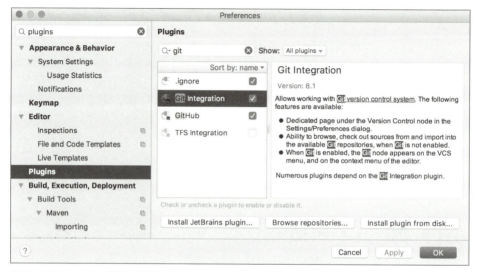

図6.2　Git Integration 機能の有効化

Gitコマンドのパスは環境により異なりますが、

- **MacでXcodeを使って導入している場合**：`/usr/bin/git`
- **WindowsでGit for Windows**[注1]**で導入している場合**：`C:¥Program Files¥Git¥cmd¥git.exe`

となります。Testボタンを押して「Git executed successfully」と表示されればパスの設定は完了です（図6.3）。

注1　https://git-for-windows.github.io

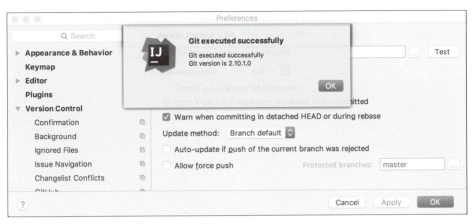

図 6.3　git コマンドパスの指定が成功している状態

6.2　リポジトリの初期化

　ここからは、第3章で作成したStatic Webプロジェクトを使って、Gitで履歴管理する練習をします。プロジェクトが閉じられていれば再度開いてください。リポジトリを使えるよう初期化するには、**VCS**メニューの**Enable Version Control Integration...**より**Git**を選択してください。これにより、`git init`がプロジェクトのルートディレクトリで実行されます。なお、プロジェクトのディレクトリをIDE外で初期化している場合はこの操作を行う必要はなく、IDEが自動的に認識してバージョン管理操作が行える状態になります（図6.4）。

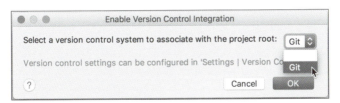

図 6.4　Git リポジトリの初期化

　初期化が完了するとVersion Controlというツールウィンドウのタブが現れます（図6.5）。

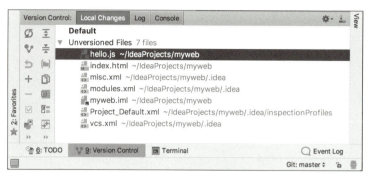

図 6.5　Version Control ツールウィンドウタブ

6.3　Version Controlツールウィンドウ

　Version Controlツールウィンドウは Command + 9 （ Alt + 9 ）で表示／非表示を切り替えられます。このツールウィンドウでは、コミット対象ファイルの選定や、コミットログの確認、IDEが実際に発行している git コマンドの確認などが行えます。

- **Local Changes タブ**
  コミットされていないファイルを表示します。
- **Log タブ**
  コミットログを確認します。
- **Console タブ**
  操作時に発行された git コマンドを表示します。IDE起動後 git コマンドが実行されていなければ、このタブは表示されません。

6.4　コミットの基本

コミット対象を登録

　それでは index.html と hello.js をコミットしてみましょう。Version Controlツールウィンドウの「Unversioned Files」欄のリストから2つのファイルを選択します。この2つのファイルを「Default」欄へドラッグ＆ドロップするか（図6.6、図6.7）、 Option + Command + A （ Ctrl + Alt + A ）を押して「Default」欄へ移動します。

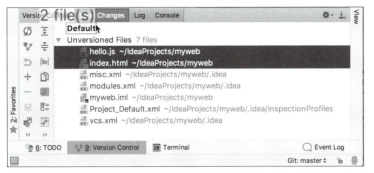

図 6.6　hello.js と index.html を Default の Changelist へ移動

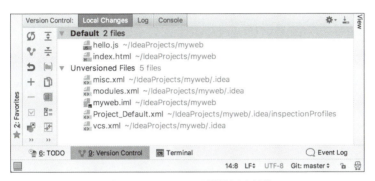

図 6.7　Default Changelist へ 2 つのファイルが登録された状態

Commit Changes ダイアログ

「Default」欄にあるファイルが現在コミット対象のファイルとなりますので、Command+K（Ctrl+K）または で、Commit Changes ダイアログを表示します（図6.8）。

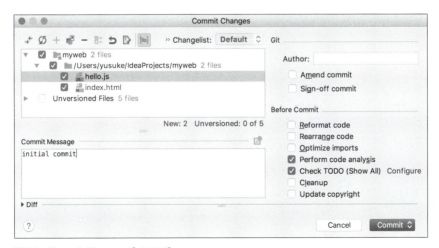

図 6.8　Commit Changes ダイアログ

第6章　バージョン管理システム

Commit Changesダイアログでは、**index.html**と**hello.js**の2つのファイルが選択されていることを確認のうえ、「Commit Message」欄に**initial commit**と入力します。コミット時には必要のないメモ書きや、一時的に書いたデバッグメッセージなどが残っていないか確認しましょう。

コミット直前アクションの設定

「Before Commit」欄のアクションのチェックボックスを入れておくと、コミット直前にアクションを実行することができます。中でも次の3つは、極力チェックを入れておくことをお勧めします。

- **Reformat code**
  コミット対象のコードのフォーマットを整えます。各ファイルを開いた状態で Alt + Command + L（Ctrl + Alt + L）を押しておくのと同じです。インデントやスペースがそろっていないコードをコミットしてしまうことを防止できます。
- **Optimize imports**
  不要なインポート文を削除します。
- **Perform code analysis**
  構文エラーや非効率なコードなどの静的解析を行い、エラーや警告があれば確認を促します。

NOTE
　　　JetBrains IDEではgitもSubversionもMercurialも、同じ用語、同じインターフェースで操作します。そしてファイルの変更内容は**Changelist**というGitにはない単位で管理します。さきほどから出ている「Default」は、その名のとおりデフォルトでアクティブになっているChangelistです。Changelistは複数作成してコミットする単位を管理することもできます。「今手元で修正を加えたが、コミットは別のタイミングで行いたい」というファイルがあれば、別のChangelistに入れておくと良いでしょう。

コミットする

確認が完了したら、Commitボタンを押せばコミット完了です。Version ControlツールウィンドウのLogタブでコミットを確認しましょう（図6.9）。

100

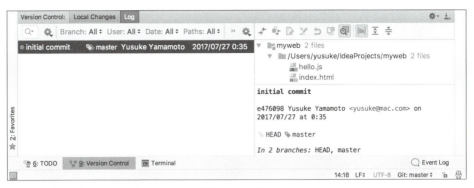

図 6.9　Default Changelist へ 2 つのファイルが登録された状態

6.5　ブランチの確認と作成

　現在のブランチは、ウインドウ右下に「Git:ブランチ名」と表示されます。この欄をクリックすると、Git Branchesポップアップの「Local Branches」欄にブランチの一覧が表示され、また**New Branch**メニューより新しいブランチを作ることができます（図6.10）。

図 6.10　現在のブランチとブランチメニュー

　それでは mybranch という新しいブランチを作成しましょう。**New Branch**を選択し、ブランチ名として mybranch を入力してOKを押します。Version Controlタブに「Branch mybranch was created」という吹き出しが表示され、また現在のブランチ名が「Git:mybranch」に切り替わっていることが確認できます（図6.11）。

図 6.11　ブランチの作成完了

第 6 章　バージョン管理システム

6.6　差分をコミットする

master以外のブランチでも、もちろんコミット操作は Command + K （Ctrl + K）や🔀
で行います。ここでは新しいファイルを追加コミットするのではなく、変更差分のコミットを練習するために`index.html`を書き換えてみます。`Hello JetBrains`という文言を
`Hello IntelliJ IDEA`に書き換え、`2017`を表示するJavaScript部分を2行に複製して
みましょう（図6.12）。

```html
<!DOCTYPE html>
<html lang="ja">
<head>
    <meta charset="UTF-8">
    <title>Hello JetBrains</title>
    <style type="text/css">
        .classname {
            font-size: 25pt;
            color: red;
        }
    </style>
</head>
<body>
<div class="classname">Hello IntelliJ IDEA
    <script src="hello.js"></script>
    <script>document.write(max(2000, 2017));</script>
    <script>document.write(max(2000, 2017));</script>
</div>
</body>
</html>
```

図 6.12　変更差分のコミット練習用コード

差分を比較

Commit Changesダイアログでは**Diff**というラベルをクリックすると差分を比較することができます。コミットを行う前に誤りがないか最終確認を行いましょう。diff表示欄
では左側に現在リポジトリにコミットされているファイルが、右側にこれからコミット
しようとしているファイルが表示されます（図6.13）。

6.6 差分をコミットする

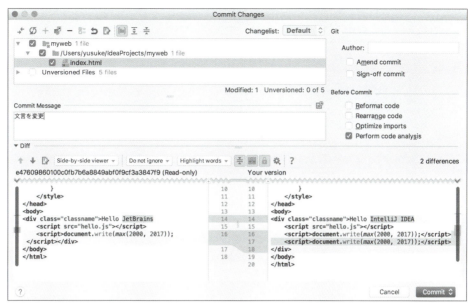

図 6.13　コミット時の変更差分の確認

コミット前に編集

　コミット直前に誤りを見つけたならば、Commit Changesダイアログを閉じることなくその場で修正することができます。ただし、デフォルトでは修正ができないようにロックがかかっています。鍵のアイコン🔒をクリックしてロックを解除（アイコンが押されていない状態）すれば編集できるようになります（図6.14）。

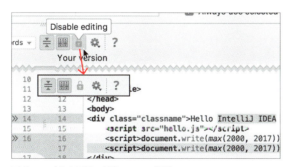

図 6.14　diff表示欄の編集ロックの解除

　編集ロックを解除すると、diff表示欄の右側は補完機能も働く完全なエディタとなります（図6.15）。また各変更箇所の中間にある»を押すと、変更内容を破棄して現在リポジトリにあるコードが反映されます。

103

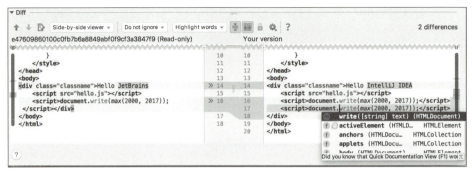

図 6.15　diff 表示欄で編集

　ここでは、先の編集内容のままコミットしてください。

6.7　コンフリクトの解決

VCS Operations ポップアップ

　ここではコンフリクト解決の操作をIDEから行う練習のため、わざとmybranchのコミット内容とコンフリクトする変更をmasterブランチに加えたうえでマージ操作を行います。

　先とは違う方法でブランチをmasterに切り替えてみましょう。Ctrl+V（Alt+`（Backquote））を押してVCS Operationsポップアップを出します（図6.16）。VCS Operationsポップアップは、バージョン管理ツールを操作するための主要なアクションがメニュー化されたポップアップです。

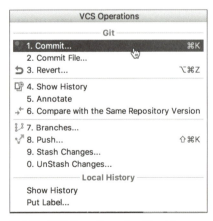

図 6.16　VCS Operations ポップアップ

ブランチ操作は、「7. Branches...」と書かれているので⑦を押すか、**bra**とタイプして絞り込みを行ったうえで⏎を押せば、ブランチのメニューが表示されます。これはウインドウ右下のブランチ名をクリックしたときに表示されるものと同じです（図6.17）。

図6.17　ブランチメニュー

チェックアウト

master | Checkoutを選択してmasterブランチをチェックアウトしましょう。今度は`Hello JetBrains`という文言を`Hello world`と書き換えてコミットします（図6.18）。この編集内容はmybranchで行った編集内容とコンフリクトしています。

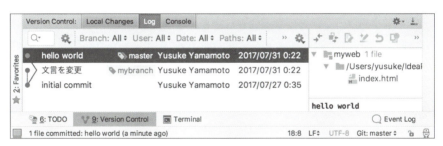

図6.18　Hello worldに書き換えた後のコミットログ

続いて、[Ctrl]+[V]（[Alt]+[`]）を押してVCS Operationsポップアップを出し、⑦を押して**Branches...**メニューを開き、**mybranch | Merge**を選択します。コンフリクトしているため、マージ完了前にコンフリクトの解決を求められます（図6.19）。

図6.19　コンフリクトしていることを示すダイアログ

コンフリクト解決の種類

単純に手元のリポジトリ（`master`）の編集内容で上書きして良い場合は「Accept Yours」ボタンを、マージするブランチ（`mybranch`）の編集内容で上書きして良い場合は「Accept Theirs」ボタンを押します。今回はそれぞれの編集内容を統合するため「Merge...」ボタンを押し、コンフリクトの解決画面を出します（図6.20）。

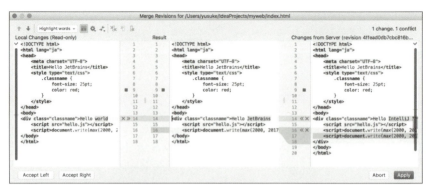

図 6.20　コンフリクトの解決画面

この画面では左側が手元のリポジトリ（`master`）を、中央がマージ後を、右側がマージ先（`mybranch`）を表します。マージ後のファイルに反映させたい変更箇所は、»または«を、反映させずに破棄したい変更箇所は×を押します。今回JetBrainsを書き換えた箇所がコンフリクトしていますが、ここは`master`で加えた変更内容worldを反映 **(1)** させ、mybranchで`IntelliJ IDEA`と書いた箇所は破棄 **(2)** します。またscript要素を2行に複製した箇所は反映 **(3)** させます（図6.21）。

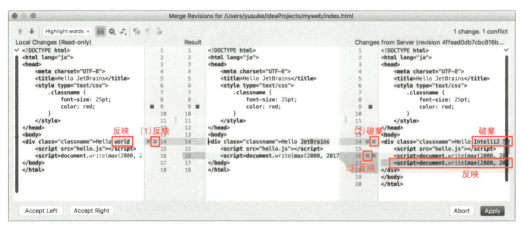

図 6.21　コンフリクト解決の操作

コンフリクトが解消されると、「All changes have been processed」という吹き出しが表示されます。Applyボタンを押して完了してください。

6.8 リモートリポジトリの設定とプッシュ

プッシュは Command + Shift + K （Ctrl + Shift + K）で表示されるPush Commitsダイアログで行います（図6.22）。

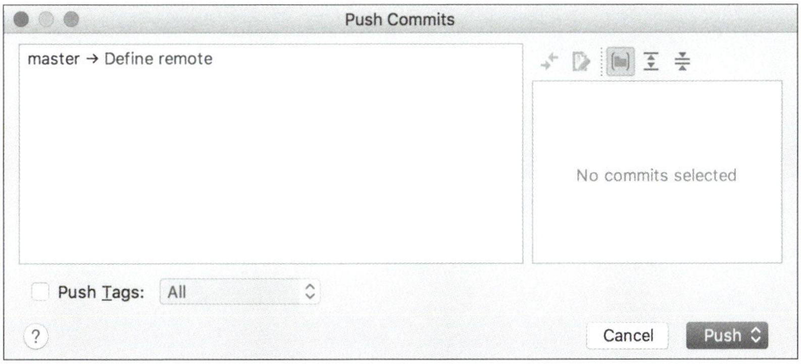

図6.22 リモートリポジトリが設定されていない状態のPush Commitsダイアログ

初めてプッシュする場合は、「Define remote」というリンクをクリックし、リモートリポジトリのURLを指定します。リポジトリのURLは、たとえばGitHubでアカウント「yusuke」の持つ「repo」というリポジトリであれば **https://github.com/yusuke/repo.git** となります（図6.23）。

図6.23 リモートリポジトリ設定ダイアログ

リモートリポジトリが設定されていれば、プッシュするブランチやコミットを確認したうえでPushボタンを押せばプッシュが行われます（図6.24）。

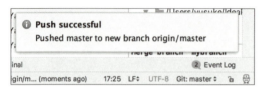

図 6.24　プッシュ

プッシュが完了すると、「Push successful」というバナーが表示されます（図6.25）。

図 6.25　プッシュ完了

◆　◆　◆

表6.1に、バージョン管理関連の操作のショートカットをまとめておきます。

表 6.1　バージョン管理用のショートカットまとめ

操作	Mac	Windows	アクション名
チェンジリストに追加	Command + Option + A	Ctrl + Alt + A	Add
コミット	Command + K	Ctrl + K	Commit
プッシュ	Command + Shift + K	Ctrl + Shift + K	Push
プル	Command + T	Ctrl + T	Update
VCS操作	Ctrl + V	Alt + `	VCS Operations Popup...

第**7**章 データベースを操作する

Ultimate

7.1 IntelliJ IDEA のデータベース機能

多くのアプリケーションで利用しているリレーショナルデータベースマネージメントシステム（RDBMS）ですが、WebStormを除くIntelliJ IDEAベースのIDEはOracle、PostgreSQL、MySQL、SQL Server、DB2といったデータベースに接続できます。IDEからデータベースに接続すると、SQLを発行して問い合わせや更新を行ったり、スキーマの定義や確認を行えます。

データベースによっては専用のGUIツールが用意されていることも多いですが、IntelliJ IDEAから使うと接続するデータベースの方言に従ってSQLを補完してくれるだけでなく、プログラムコード中のSQLを補完できたり、アプリケーションコードとともにテーブル名やカラム名をリファクタリングできたりとたいへん便利です。

> **NOTE**　データベース機能はWebStormを除く有償IDEの機能です。IntelliJ IDEAやPyCharm
> のCommunity EditionやAndroid Studioでは、この機能は提供されていません。

本章の前半は、本機能のチュートリアルを兼ねつつ、以下の順で機能を紹介していきます。

- IDEからデータベースに接続する
- テーブルエディタでテーブルのデータを編集する
- Databaseコンソールで任意のSQLを実行する
- ソースコード中にSQLを記述する

それ以外のデータベース機能は後半にまとめておきます。

7.2 データベースに接続する

IDEからデータベースを操作する場合、データベースはすでに準備されていることが多いと思います。まずは、既存のデータベースに接続するところから始めます。

IntelliJ IDEAがJavaで作られていることもあって、データベースへの接続にはJDBCを用います。Java以外の開発者にはあまり馴染みがありませんが、JDBCはJavaからデータベース接続するための標準仕様で、たいていのデータベースはJDBCドライバを提供しています。よほど特殊なデータベースではない限り、接続できないということはありません。

画面右端にあるDatabaseツールウィンドウからデータベースに接続します。Databaseツールウィンドウのツールバーやコンテキストメニューの**+ New**のData Sourceから接続したいデータベースの種類を選び、Data Source and Driversダイアログにその接続情報を入力します[注1]。

図7.1は、データソースに「Derby (Remote)」を指定したときの入力例です。この入力項目はデータベースによって多少異なりますが、押さえておく項目は次の2点です。

- **Name**：データソースの登録名（接続先のデータベースが本番用なのか開発用なのか、すぐわかるような名前を付けておくと良い）
- **URL**：データベースへの接続情報（JDBC接続文字列とも呼ぶ）

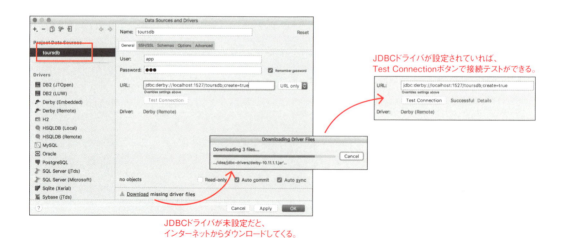

図7.1　Data Sources and Driversダイアログ

注1　IntelliJ IDEAのデータベース機能では、データベース接続情報のことをデータソース（Data Source）と呼びます。

初めてデータベース接続を設定するときは、まだ対応するJDBCドライバが設定されていないため、ダイアログ下部に「Download missing driver files」というメッセージがでます。このリンク部分をクリックするとJDBCドライバがダウンロードされます。

JDBCドライバの設定が済むと「Test Connection」ボタンが押せるようになるので、ボタンを押して設定したデータベース接続が正しいかどうかを確認しましょう。ボタンの右側に「Successful」と表示されれば設定は成功です。

> **NOTE** 接続に用いるJDBCドライバは、IDEが自動的にダウンロードするので簡単に設定できます。インターネットに接続していない場合は、「JDBCドライバを管理する」(p.125) を参照してください。

COLUMN お勧めのお試し用データベース

データベース機能を独習しようと思ったときに一番困るのは、試しに使うデータベースを用意することです。たいていのRDBMSにはサンプル用データベースが付属しているので、それを使うことをお勧めします。本章ではJava DBとしても有名なApache Derby[注2]に付属しているtoursdbや、SQLiteやMySQL、PostgreSQLなどに対応しているサンプルデータベースのChinook Database[注3]を使いました。

RDBMSそのものについては、Apache Derby、H2[注4]のようなJavaベースのRDBMSやSQLite[注5]はセットアップも容易なので、お試しに使うにはもってこいです。

7.3　Databaseツールウィンドウ

このツールウィンドウはデータベース機能の要となります (図7.2)。データベースに関する機能の大半はこのツールウィンドウから行います (データベース操作に特化したJetBrainsの製品DataGripは、IntelliJ IDEAからDatabaseツールウィンドウを抜き出したようなものです)。

注2　https://db.apache.org/derby/
注3　http://chinookdatabase.codeplex.com/
注4　http://www.h2database.com/html/main.html
注5　https://www.sqlite.org/index.html

第 7 章　データベースを操作する

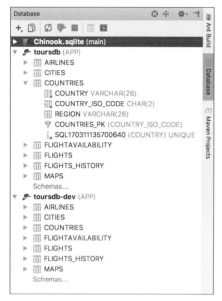

図 7.2　Database ツールウィンドウ

　Database ツールウィンドウには、登録済みのデータソースが並びます。データベースに接続済みのデータソースは左側に ▶ が付き、クリックすると展開されて、テーブルやビューの一覧が表示されます（さらにテーブルを展開するとフィールドの一覧が表示されます）。

　データソースやテーブルに対する操作はコンテキストメニューから行いますが、ツールバーによく使う機能が集約されているので、普段使いだけならツールバーの機能を把握しておくだけで十分です（表7.1）。

表 7.1　Database ツールウィンドウのツールバーアイコン

アイコン	意味
＋	データソースやテーブル、フィールドなどを新規登録する
📄	既存のデータソースをコピーして、新しいデータソースを作成する
⟳	選択したデータソースの内容を更新する
🔧	データソースの設定を変更する（Data Source and Drivers ダイアログを表示する）
■	接続しているデータソースを切断する
▦	選択しているテーブルのデータを編集する
📝	選択しているテーブルのDDL[注6]を編集する
QL	選択しているデータソースに対するDatabaseコンソールを表示する

注6　DDL：Data Definition Language

7.4　テーブルのデータ編集（テーブルエディタ）

7.4 テーブルのデータ編集（テーブルエディタ）

　Databaseツールウィンドウのテーブルをダブルクリックするか、テーブルを選択した状態でツールバーの▦ **Table Editor**をクリックすると、そのテーブルのデータがエディタウィンドウに表示されます。これがテーブルエディタ（Table Editor）です。

　テーブルエディタでは、データの閲覧／条件指定による並び替え／絞り込み／データの編集などさまざまな操作ができます。

　図7.3はテーブルエディタの外観です。エディタの全体を占めるのがデータ表示領域で、データの編集を行います。上部にあるツールバーのアイコンは表7.2のとおりで、さまざまなデータの操作を行います。

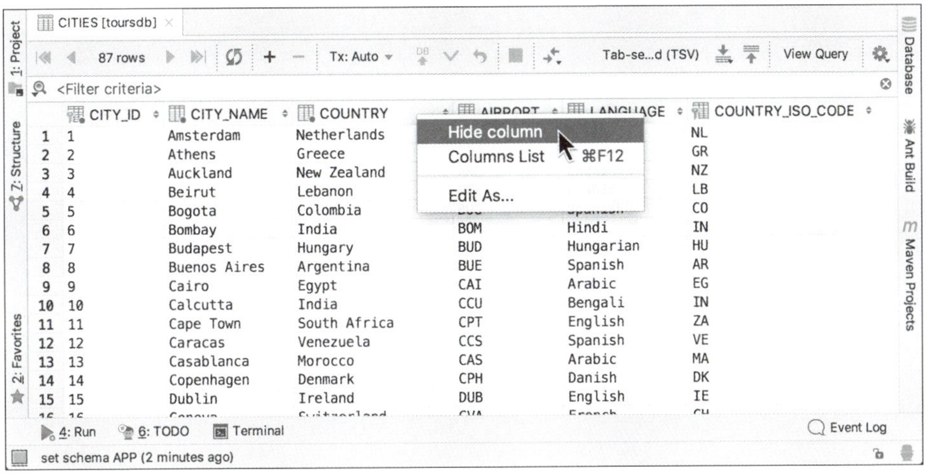

図 7.3　テーブルエディタ

表 7.2　テーブルエディタのツールバーアイコン

アイコン	意味
◀◀ ◀ ▶ ▶▶	データの表示内容を先頭／前ページ／次ページ／終端に移動する
⟳	表示しているデータを最新の状態にする
＋ －	レコードの追加／削除を行う
Tx: Auto ▼	トランザクション制御（自動：Auto ／手動：Manual）と分離レベルを指定する
DB ↑	テーブルエディタの編集結果をデータベースに反映する
∨	データベースの反映結果を確定する
↩	データベースの反映結果を取り消す
■	データベースへの問い合わせを中断する
⇥	テーブルエディタ同士の差分を見る（詳細は「スキーマやデータを比較する」（p.128）を参照）

第7章　データベースを操作する

アイコン	意味
⬇	データをファイルやクリップボードにエクスポートする（詳細は「データをエクスポートする」（p.117）を参照）
⬆	データを他のデータベースにエクスポートする（詳細は「データをエクスポートする」（p.117）を参照）
View Query	テーブルエディタに表示しているデータのクエリ（SQL）を参照する
⚙	テーブルエディタの設定を行う
🔍	過去の検索条件を参照する
⊗	検索条件をクリアする

データを並び替える／絞り込む

テーブルエディタでは、次の操作でデータの並び替えができます。

- ヘッダをクリックするとその列がソート対象になる
- 同じヘッダを連続してクリックすると ▦ NAME ▲1 昇順／▦ NAME ▼1 降順／▦ NAME ⬍ なしと切り替わる
- 他のヘッダをクリックするとソート順が指定されていく（ヘッダに番号が付く）
- ヘッダをドラッグ＆ドロップして、表示順を変更できる
- ヘッダのコンテキストメニューから「Hidden Column」を選ぶと、その列を非表示にできる
- ヘッダのコンテキストメニューから「Column List」を選ぶと、ソート順／非表示などの情報を一覧できる

Column Listポップアップの内容は、Structureツールウィンドウでも代用できるので使いやすいほうを選びましょう。非表示にした列はColumn Listポップアップで選択して、Space を押すと再表示できます（Space で表示／非表示を切り替えます）。

データの絞り込みはツールバーの2列目に検索条件を入力して行います。入力する検索条件はSQLのWHERE句そのもので、論理演算子（AND や OR など）付きの条件句で複数条件の絞り込みもできます。

操作が気付きにくい絞り込み方法ですが、任意のセルを選択してコンテキストメニューから Filter by を選ぶと、そのセルにちなんだ検索条件を指定できます。

Filter by と同じくらいに気付かれにくい機能に、Transpose と言う機能があります（ツールバーの⚙かコンテキストメニューから指定します）。Transpose をONにすると図7.4のように行と列を入れ替えて表示します。データによっては横並びのほうが見やすい場合もあるので、この機能は覚えておいて損はないでしょう。

7.4 テーブルのデータ編集（テーブルエディタ）

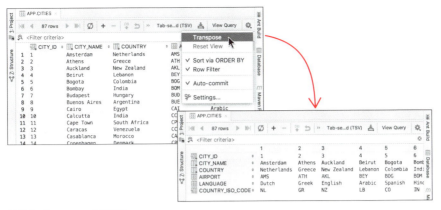

図 7.4　Transpose の実行例

> **NOTE**　テーブルエディタの最大表示件数は500件に設定されていますが、この件数はPreferencesダイアログのTools→Database→Data Viewsの**Result set page size**で変更できます。

データを編集する

　テーブルエディタのセルにカーソルを置き任意のキーを押すと、そのセルの値を編集できます。今の値を残したまま編集したい場合は、⏎かダブルクリック、コンテキストメニューの**Edit**を実行してください。

　データの編集結果は、すぐにはデータベースに反映されません。データを編集したセルはハイライト表示されたままになるので、ツールバーの ⬆DB **Submit**でデータベースに反映させます。

　⬆DB アイコンの左隣のポップアップでトランザクション制御を自動（Tx:Auto）と手動（Tx:Manual）に切り替えられます（図7.5）。トランザクション制御を手動に切り替えると、データ編集の確定と取り消しができるようになります。それぞれの手順は次のとおりです。

- **データを確定する**：⬆DB **Submit**のあとで ✓ **Commit**（もしくは直接 ✓ **Commit**する）
- **データを取り消す**：⬆DB **Submit**のあとで ↶ **Commit**する

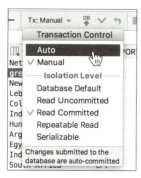

図 7.5　トランザクション制御の切り替え

NOTE　データの参照が目的で、誤操作によるデータ更新を防ぎたいなら、ステータスバーの🔓をクリックしてエディタ全体を書き込み防止（🔒）にしておくと良いでしょう。

　行（レコード）の追加と削除は、ツールバーの**+**と**-**で行います。コンテキストメニューの**Clone Row**で、現在行をコピーして新しい行を追加できます。

　すべてのデータを削除したければ、Databaseツールウィンドウで対象のテーブルを選び、コンテキストメニューの**Database Tools | Truncate**を実行してください。Truncate Tableダイアログが表示されるので、TRUNCATE TABLE命令で削除するか、DELETE命令で削除するかを指定します（図7.6の「Use delete」をONにする）。

図 7.6　Truncate Table ダイアログ

　データの入力で特筆する点を挙げるとすれば、選択した範囲がすべて同じ型なら一度の操作で同じ値を入力できることです。Excelのように自動で値をインクリメントしたりはできませんが、覚えておいて損はないでしょう。

　セルの複数選択は、Excelなどのスプレッドシートとだいたい同じ操作感覚で選択できます。行選択は行頭をクリックすればできますが、ヘッダのクリックは並び替え／ソート順の指定になるため列選択はできません。その代わり、Option+↑（Ctrl+W）**Grow Selection**を実行すると、図7.7のようにセル選択→列選択→行選択→全選択と選択範囲が拡張していきます（選択範囲が縮んでいく逆の機能はありません）。

7.4 テーブルのデータ編集（テーブルエディタ）

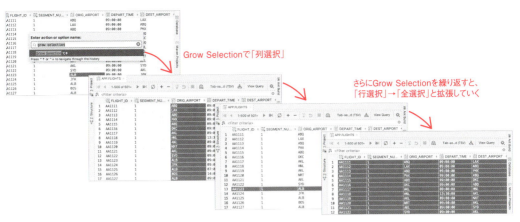

図 7.7　Grow Selection の動作イメージ

データをエクスポートする

ツールバーの **Dump Data** で、テーブルエディタの内容をファイル（To File...）またはクリップボード（To Clipboard）にエクスポートできます。エクスポートするデータの範囲は、テーブルエディタに表示している内容ではなく、テーブルエディタの検索条件に合致したすべてのデータになります（◀と▶の間に表示されている全件数が対象）。

特定のデータだけエクスポートしたければ、複数のセルを選択した状態で **Edit** メニューの **Copy** を実行してください。**Dump Data** と同じ形式で、選択範囲のデータがクリップボードにコピーされます。

出力するデータの形式は、の左隣で指定します（図7.8）。指定できる形式は表7.3のとおりです（他の選択肢については「その他機能の紹介」（p.130）の「データベーススクリプトのカスタマイズ」の項目を参照してください）。

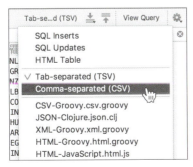

図 7.8　エクスポートするデータ形式を指定する

表7.3 エクスポートするデータ形式

選択肢	意味
SQL Inserts	SQLのINSERT文としてエクスポートする
SQL Updates	SQLのUPDATE文としてエクスポートする
HTML Tables	HTMLのテーブル形式としてエクスポートする
Tab Separated Values (TSV)	タブ区切りファイルとしてエクスポートする
Comma Separated Values (CSV)	カンマ区切りファイルとしてエクスポートする

　で「To File...」を選ぶと、Choose Extractorダイアログで出力データのプレビューやフォーマットの指定ができます（図7.9）。CSVファイルとTSVファイルのフォーマット指定は、PreferencesダイアログのTools→Database→CSV Formatsでも指定できます。

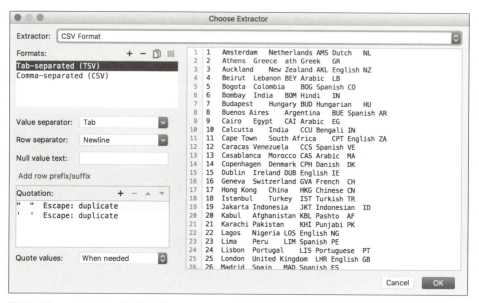

図7.9　Choose Extractor ダイアログ

　　の隣にある **Export To Database** を使うと、他のテーブルやデータベースにデータをコピーできます。　をクリックすると図7.10のようにコピー先（Choose Targetダイアログ）とコピーの詳細（Import ～ Tableダイアログ）を指定します。既存のテーブルにコピーする場合は、Import ～ Tableダイアログにコピー元のフィールドが「mapped to ～」で示されるので、任意のフィールドに変更してからコピーすることができます。

7.4 テーブルのデータ編集（テーブルエディタ）

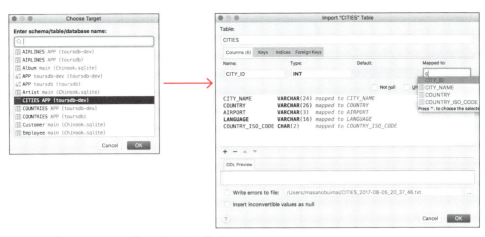

図 7.10　データベースやテーブルにデータをコピーする

　オマケ的な機能ですが、Databaseツールウィンドウでテーブルをドラッグ＆ドロップしても、同様の操作（データソース間でのテーブルのコピー）ができます。

CSVファイルやTSVファイルをインポートする

　Databaseツールウィンドウ内でテーブルを選び、コンテキストメニューから**Import from File...**を実行すると、CSVファイルやTSVファイルをそのテーブルにインポートできます。**Import from File...**を実行する代わりに、CSVファイルやTSVファイルをテーブルにドラッグ＆ドロップしても良いです（さらに補足すると、指定するファイルはZIP圧縮されていても大丈夫です）。

　Import form File...でインポートしたいファイルを指定すると、図7.11のようなImport ～ Formatダイアログが表示されます。Columnsタブでインポート先のフィールドとインポートするファイルのカラムとを対応付けます（図中の枠内をダブルクリックして対応付けを指示します）。

119

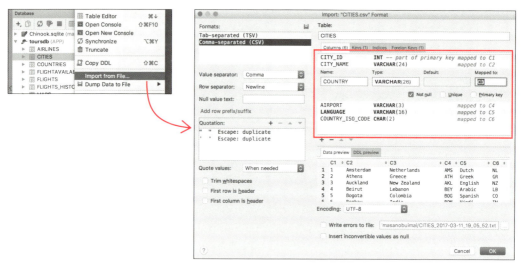

図 7.11　CSV ファイルとインポート先の対応付けをする

　ちょっとした Tips ですが、**Import from File...** やインポートファイルのドラッグ＆ドロップをデータソースに対して行うと、インポートするファイルの構造に合わせてテーブルを作成しようとします。

7.5　Database コンソールによるデータベースの操作

　任意の SQL を実行して自由にデータベースを操作したい場合は、Database コンソールを利用します。Database ツールウィンドウで任意のデータソースを選択して、**Open Console** を実行すると、そのデータソース（データベース）に対する Database コンソールが開きます。

　Database コンソールは、一見すると普通のエディタと変わりません。ここに実行したい SQL を入力して、ツールバーの ▶ **Execute** で実行します。SQL の実行結果は、画面下部の Database Console ツールウィンドウに表示されます（図 7.12）。

7.6 ソースコードとの連係

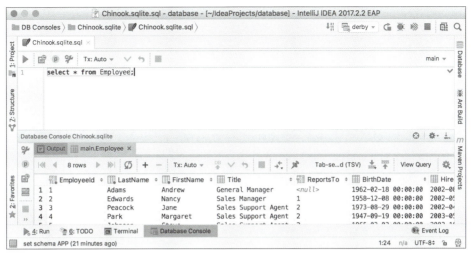

図7.12　DatabaseコンソールからSQLを実行した例

　Database ConsoleツールウィンドウのOutputタブにSQLの実行結果が表示されますが、SELECT文を実行した場合は、その結果が別のタブ（Resultタブ）にテーブルエディタとして表示されます。見た目がテーブルエディタになっていますが、ここでのデータ編集はできません（それ以外は、テーブルエディタと同じように操作できます）。

　Resultタブは、SELECT文を実行するたびに更新されていくので、結果を残しておきたければ📌をONにしてピン止めしてください。

> **NOTE**　PreferencesダイアログのTools→Databaseで、**Show query results in new tab**をONにすると、SELECT文を実行するたびに新しいタブに結果を表示します。

　DatabaseコンソールのトランザクションHDF制御が「Tx: Auto」になっていると、更新系のSQLはデータベースに即時反映されます。ここを「Tx: Manual」にすると右側の ✓ **Commit** と ↩ **Rollback** が有効になります。

7.6　ソースコードとの連係

　データベース機能は、テーブルエディタやDatabaseコンソールだけで十分完結している機能ですが、IDEらしくソースコードと連係することもできます。ここでのソースコードを「SQL文のみを記述したSQLファイル」と「文字列リテラルとしてSQL文を含んでいる、JavaやGroovyなどSQLファイル以外のソースファイル」の2つに区別して、それぞれの機能を紹介します。

SQLファイルを編集する

SQLファイルは、ProjectツールウィンドウのコンテキストメニューかFileメニューの**New | SQL Script**で作成できます。とは言え、単なる空ファイルを作るだけなので、**New | File**で拡張子付きのファイル（***.sql**）を作っても変わりありません。

初めてSQLファイルを作成すると図7.13のように「SQLダイアレクトが設定されていません（SQL dialect is not configured）」と通知されます。SQLダイアレクト（SQL dialect）は、Oracle、DB2、MySQLなどRDBMSごとの方言をサポートする機能で、エディタ通知エリアの「Change dialect to...」リンクをクリックして指定します。

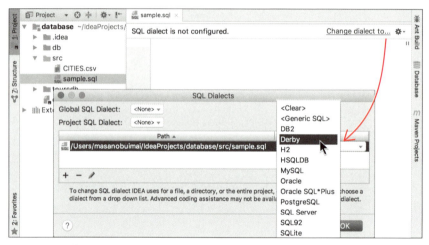

図7.13 SQLダイアレクトの設定

SQL Dialectsダイアログでは、ファイルまたはディレクトリ単位でSQLダイアレクトを指定します（拡張子ごとには指定できません）。たとえば、図7.13のように、SQL DialectにDerbyを指定すると、そのファイル（またはディレクトリ下にあるすべてのファイル）はDerbyの方言でSQLを記述できるようになります[注7]。

SQLファイルの編集は、Databaseコンソールのように行えます。SQLダイアレクトを<Generic SQL>以外に指定していると、Databaseツールウィンドウに登録してるデータソースのうち、そのSQLダイアレクトに該当するデータソースだけがコード補完の対象になります。

SQLダイアレクトが設定されていると、Databaseコンソールのように編集中のSQL文を実行できます。SQLファイルのエディタにはDatabaseコンソールのようなツールバーがないので、コンテキストメニューから▶ **Execute**を実行してください。対応す

注7　このダイアログはPreferencesダイアログのLanguage & Frameworks→SQL Dialectsと同じものです。

るDatabaseコンソールを割り当てて、SQL文を実行します（初めてSQLを実行した後は、そのSQLファイルにもDatabaseコンソールのようなツールバーが表示されます）。

SQLファイルに対して▶ **Execute** を実行すると、割り当てられたDatabaseコンソールがツールバーで確認できるようになります。この領域はクリック可能で、図7.14のように割り当てを解除（Detach Console）したり、別のDatabaseコンソールを割り当て直したりできます。

図7.14　SQLファイルに割り当てたデータソースを変更する

SQLファイル以外のソースファイルでSQLを編集する

JavaやGroovy、RubyでもPythonでもかまいません。プログラミング言語のソースファイル中に、文字列リテラルとしてSQL文を記述することはよくあります。この他言語のソースファイルに紛れたSQL文に対しても、SQLファイルのような編集機能を適用できます。それを実現するために、IntelliJ IDEAをはじめとするJetBrains IDEに準備されている **Language Injection**：ランゲージ・インジェクションという機能を使います。

図7.15のように、SQL文として解釈してほしい文字列リテラルに対して、Option + ↵（Alt + ↵）**Show Intention Action** を実行して、選択候補から **Inject language or reference** を選び、適用したい言語を指定します（図7.15では「Derby(SQL Files)」）。これで、その文字列リテラルは指定した言語として解釈されるようになります。これがLanguage Injectionです。SQLとしてLanguage Injectionされた文字列リテラルには、SQLファイルやDatabaseコンソールと同じようなコード補完やSQLの実行ができるようになります。

図7.15 任意の文字列リテラルにLanguage Injectionを設定する

> **NOTE**
> Language Injectionを解除したい場合は、Language Injectionを設定した対象に**Show Intention Action**の**Un-inject Language/Reference**を実行してください。

ドキュメントの参照

　DatabaseコンソールやエディタでSQL文を編集している最中にポップアップしてくるので、うすうす気がつかれていると思いますが、SQL文に対してCtrl＋J（Ctrl＋Q）**Quick Documentation**を実行すると、対象にちなんだ情報をポップアップ表示します。

　フィールドに対して**Quick Documentation**を実行するとその定義情報を、テーブルに対して実行するとデータの一部をプレビューできます。これはSQL文だけに限らず、Databaseツールウィンドウで実行しても同じ結果が得られます。

　テーブルエディタに限った表示になりますが、BLOB[8]のデータに対して**Quick Documentation**を実行すると、そのデータが画像なら画像としてプレビューされます（図7.16の左側）。データが画像以外のバイナリデータなら、16進数のダンプリストプとして表示します（図7.16の右側）。

注8　BLOB：Binary Large OBject

図 7.16　Quick Documentation で画像、バイナリデータをプレビューする

7.7　いろいろなデータベース操作

JDBC ドライバを管理する

Database ツールウィンドウの Data Source Properties で表示される Data Source and Drivers ダイアログでは、データソースだけではなく JDBC ドライバの管理も行えます。ダイアログ左側にある Drivers というカテゴリが JDBC ドライバの管理部分で、管理している JDBC ドライバが列挙してあります（図 7.17）。

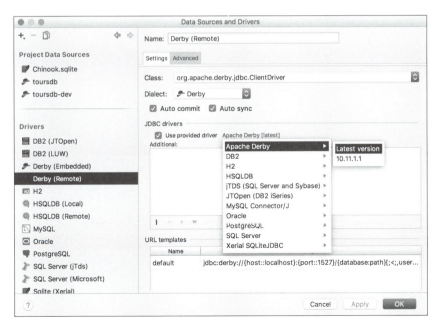

図 7.17　JDBC ドライバの管理

> **NOTE** ここに列挙していないJDBCドライバを追加したければ、ダイアログ左上の＋から「Driver」または「Driver and Data Source」を選択して、追加してください。

任意のJDBCドライバを選択すると、ダイアログ右側にそのJDBCドライバの設定が表示されます。ここでは、JDBCドライバのクラス名（Class欄）と、JDBCドライバそのもの（JDBC Drivers欄）を指定します。

JDBC Drivers欄の「Use provided driver」がONになっていると、IDEが管理しているJDBCドライバを使います。IDE管理のJDBCドライバはインターネットから自動的にダウンロードしてきます。現在使っているJDBCドライバ名のリンク部分をクリックすると、バージョンを切り替えたり別のJDBCドライバに変更したりできます。インターネットに接続しておらず、IDE管理のJDBCドライバが使えない場合は「Additional」に使いたいJDBCドライバを直接指定してください。

DDLからデータソースを定義する

何らかの都合によりデータベースにアクセスできない場合は、DDLが記述されたSQLファイル[注9]からデータソースを登録できます。

作成する手順は、Databaseツールウィンドウの＋からDDL Data Sourceを選び、Data Source and Driversダイアログの「DDL Files」に参照したいDDLファイルを指定します（＋で追加）。図7.18のようにDDLファイルをDatabaseツールウィンドウにドラッグ＆ドロップしても登録できます。

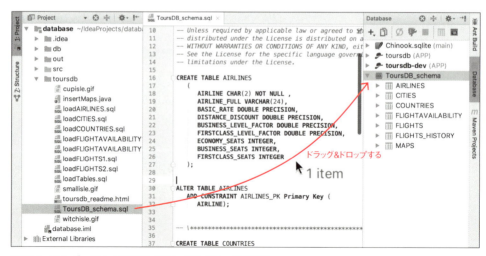

図7.18　DDLデータソースの設定（ドラッグ＆ドロップで登録）

注9　CREATE TABLE文などが記述してある、DBスキーマを作成するためのファイルのことです。

登録したDDLデータソースは実データを持たないため、テーブルエディタやDatabase
コンソールは使えませんが、SQLのコード補完や Ctrl + J （ Ctrl + Q ） **Quick
Documentation** によるスキーマ定義の参照などは、普通のデータソースと遜色なく
使えます。

テーブルを定義する

　Databaseツールウィンドウ内で任意のデータソースを選び、コンテキストメニューや
ツールバーの**＋**からTableを指定すると、Create New Tableダイアログが表示されま
す。

　このダイアログにあるタブで、フィールド（Columnsタブ）／主キー（Keysタブ）／イ
ンデックス（Indicesタブ）／外部キー（Foreign Keysタブ）を指定してテーブルを作成で
きます。

　既存のテーブルに対しては、コンテキストメニューの**Modify Table...**を実行すると、
Create New Tableダイアログとまったく同じ内容のModify Tableダイアログが表示さ
れます。こちらでは、フィールドの追加や削除など既存のテーブルに対する変更操作が
できます（図7.19）。

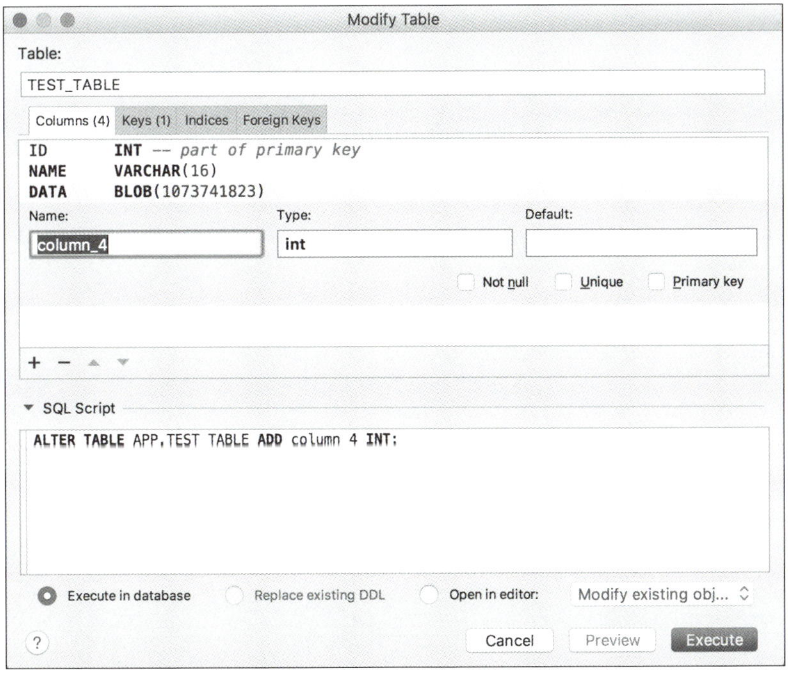

図 7.19　Modify Table ダイアログ

スキーマやデータを比較する

　Databaseツールウィンドウ内で、2つのデータソース（またはテーブル）を選び[注10]、コンテキストメニューから**Compare**を実行すると、それらを比較するDiffウィンドウが表示されます。この比較はスキーマ定義の比較で、たとえば本番用DBと開発用DBのデータソースを比較して、同じスキーマが登録されているかどうかを確認するのに使います（図7.20）。

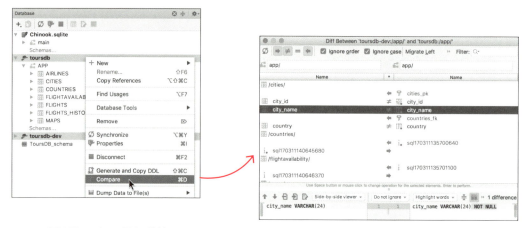

図7.20　スキーマ同士の比較

　テーブルに登録されている実データ同士を比較したい場合は、テーブルエディタのツールバーにある **Compare with**を使います。テーブルエディタ同士を比較したい場合は、比較したいテーブルをあらかじめテーブルエディタに開いておいてください。**Compare with**を実行すると、比較できる（現在開いている）テーブルエディタが候補に上がります（図7.21）。

注10　複数選択するときは Ctrl を押しながら、対象をクリックします。

7.7 いろいろなデータベース操作

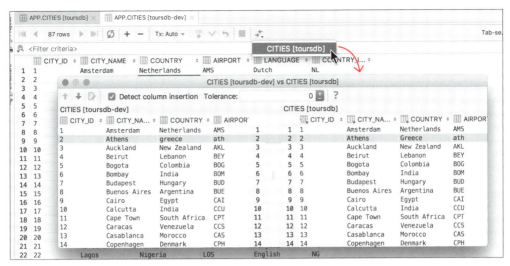

図7.21 テーブルエディタ同士の比較

テーブルエディタ同士の比較は、対象とするテーブルの全データが比較対象です。条件抽出した結果同士を比較したい場合は、Databaseコンソールの検索結果（Database Consoleツールウィンドウ）の を使ってください。

比較のために、複数の検索結果を意図的に残しておきたい場合は、Database Consoleツールウィンドウの をONにして、検索結果のタブを残すようにしましょう。

特殊なデータ編集を行う

IntelliJ IDEAにはLanguage Injectionと呼ばれる、ある言語に他の言語を差し込む機能[11]があることを紹介しました。これと似たようなことをテーブルエディタでも行えます。

テーブルエディタの任意のヘッダ上でコンテキストメニューを開くと**Edit As...**という項目が見つかります。これを実行するとLanguageポップアップが表示され、Language Injectionのように任意の言語を指定できます。それ以降、このヘッダのデータは**Edit As...**で指定した言語として、シンタックスハイライトやコード補完が有効になります。

また、テーブルエディタではバイナリデータの登録もできます。テーブルエディタの任意のデータ上でコンテキストメニューを開くと**Load File...**という項目があります。項目名のとおり、ファイルを読み込んでその内容を登録する機能で、登録先がBLOBのようなバイナリ型でも機能します。

---

[11] たとえば「Javaのソースコードの任意の文字列リテラルをSQLとして解釈させる」といった具合です。

その他機能の紹介

- **名前の変更（リファクタリング）**

  Databaseツールウィンドウ内のテーブルやフィールド、ソースコード上のSQL文（Language Injection済みであること）に対して、**Refactor**メニューの**Rename...** Shift + F6 を実行するとデータベース上のオブジェクト（テーブルやフィールド）も含めてリネームします。

  どういう結果になるのか不安な場合は、Renameダイアログの「Refactor」ボタンですぐに実行せず、「Preview」ボタンで変更対象を確認することをお勧めします。

- **使用箇所の検索**

  Javaのソースコードに対して行うような感覚で、テーブルやフィールドに対しても**Edit**メニューの **Find | Find Usages** Option + F7 が使えます。Language InjectionされているSQLも対象に使用箇所を検索します。

- **ER図風ダイアグラムの表示**

  Databaseツールウィンドウで、データソースやテーブルに対してコンテキストメニューの **Diagrams | Show Visualisation...** を実行するとER図風のモデル図[注12]が表示されます（図7.22）。

  データソースに対して実行すると、そこに含まれているすべてのテーブルやビューがダイアグラムに表示されます。特定のテーブルだけを選択して実行すると、その対象だけのダイアグラムになります。後者の場合、Databaseツールウィンドウからテーブルやビューをダイアグラムにドラッグ＆ドロップして、表示対象を増やすこともできます。

  このER図風のダイアグラムは閲覧専用のダイアグラムであって、新たに関連を引いたり、既存の関連を付け替えたりといった、いわゆるモデリングには使えません。

注12　UML図の機能をデータベース機能に応用したため、厳密な意味でのER図とは異なります。

7.7　いろいろなデータベース操作

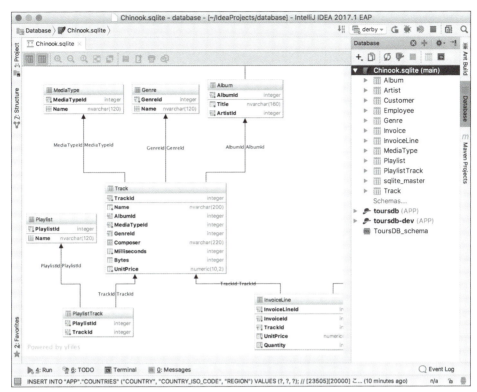

図 7.22　ER 図風のモデル図

- 実行計画の参照

　DatabaseコンソールやLanguage InjectionされたSQLに対して、単にSQLを実行するだけではなく、そのSQLの実行計画を確認することもできます。対象となるSQL文に対してコンテキストメニューを表示すると、Explain PlanとExplain Plan (Raw)という項目があります。このいずれかを実行すると、そのSQL文の実行計画がDatabase Consoleツールウィンドウに出力されます[注13]。

- データベーススクリプトのカスタマイズ

　テーブルエディタ の左隣のポップアップメニューや、Databaseツールウィンドウのコンテキストメニューにある Dump Data | To File... や Scripted Extensions の項目は、利用者が任意に変更したり追加したりできます。

　これらの項目の実体はデータベース用のスクリプトファイルで、Scratchファイル[注14]のExtensions→Database Tools and SQLにあります。ここのdata→extractorsが Dump Data to File の対象で、schemaが Script Extensions の対象です（図7.23）。

　ここのスクリプトを改造したり、新しいスクリプトを追加することで、任意の形式でデータのエクス

注13　DerbyやH2など、RDBMSによっては実行計画を取得できないものもあります。
注14　Projectツールウィンドウのタイトルバーから「Scratches」を選びます。

131

ポートやコードの生成ができるようになります。しかし、スクリプトの記述方法についての詳細な説明はありませんので、既存のスクリプトを参考にして試行錯誤しなければなりません。

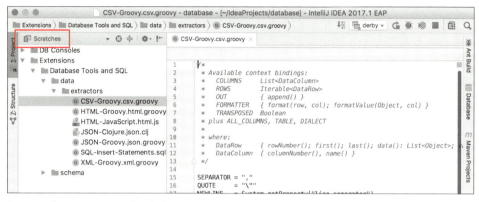

図 7.23　データベーススクリプトの編集

第2部

本格開発編

第 8 章　IntelliJ IDEA のプロジェクト管理

第 9 章　Java EE プロジェクトで開発する

第 10 章　いろいろなプロジェクトで開発する

第8章
IntelliJ IDEAのプロジェクト管理

8.1 プロジェクトの考え方

　IntelliJ IDEAのプロジェクトは他のIDEとは違った独特な構造をしています。それを理解するためにはProject（プロジェクト）とModule（モジュール）の関係について知る必要があります。

　ここで言うProjectは一般的なIDEやビルドツールが指すプロジェクトとは異なる概念です。一般的にプロジェクトといえばプロダクションコードやテストコード、参照するライブラリなど成果物を作成するために必要なリソースを持つ場所を指しますが、IntelliJ IDEAのProjectは単なる「場」でしかありません。いわゆる「プロジェクト」に相当するものがModuleになります。

　参考までに、Eclipse／NetBeans／IntelliJ IDEAでこれらの名称がどう違うのかを表8.1にまとめました。

表8.1　他の IDE と IntelliJ IDEA の名称の違い

Eclipse	NetBeans	IntelliJ IDEA
Workspace	該当なし	Project
Project	Project	Module

　ご覧のように他のIDEでプロジェクトと呼んでいるものが、IntelliJ IDEAではModuleになっていることがわかります。IDEによってプロジェクトの概念や用語が異なるのは仕方がないことですが、この違いがEclipseやNetBeansからの乗り換えに対する大きな妨げになっているように思います。

　本章では混乱を避けるため、意図的に「プロジェクト」と「Project／Module」を次のように書き分けます。

- **プロジェクト**：他のIDEやビルドツールなどでも使う総称的な意味でのプロジェクトを指す
- **Project／Module**：IntelliJ IDEAのプロジェクト構造におけるProjectとModuleを指す

IntelliJ IDEAでは、ProjectとModuleはそれぞれ次のような役割を持ちます。

- **Project**：複数のModuleをまとめる「場」で、配下のModuleに共通した設定を持つ。Project自身はソースコードを管理できない
- **Module**：プロダクションコードやテストコードといったソースコードを管理する。一般的なIDEでいうプロジェクトに相当する

ModuleはProject配下にいくつでも作成でき、それぞれに依存関係を設定できます（依存関係を設定しなくても良いです）。Moduleを作成する場所は自由で、必ずしもProjectの直下にある必要はなく、Projectのサブディレクトリ内に配置することもできます[注1]。

8.2 プロジェクトの設定（Project Structureダイアログ）

Fileメニューやツールバーの **Project Structure** で開くProject Structureダイアログでは、おもにプロジェクトのビルドに関わる設定を行います。このダイアログは図8.1のようにカテゴリ一覧（Category Selector）、要素一覧（Element Selector）と設定項目（Settings for the selected element）の3つに分割されています。

図8.1　Project Structure ダイアログのレイアウト

左端のカテゴリ一覧にリストアップされているカテゴリの意味は次のとおりです。

注1　Project配下ではない場所にModuleを作成することもできますが、管理上あまりお勧めしません。

- **Project（プロジェクト）**：Projectで参照するSDKやビルドパスなどを設定する。Projectの設定は1つしか持てないため、このカテゴリを選択したときは要素一覧は表示されない
- **Modules（モジュール）**：Projectを構成するModuleの設定（ソースパス、ビルドパス、参照するライブラリやモジュール）を行う。Moduleは複数定義できるため、要素一覧にはProjectに属しているModuleがリストアップされる
- **Libraries（ライブラリ）**：Projectで共有するライブラリ（JARファイル）を設定する（特定のModuleにだけ設定したライブラリはここにはリストアップされない）
- **Facets（ファセット）**：ModuleがJava以外の開発言語や特定のフレームワークなどをサポートしているときに、それらが要素一覧にリストアップされる。FacetはModuleに紐付けられているため、Modulesの要素一覧からも参照できる。個々のFacetは、対応する言語やフレームワークに応じた設定項目を持つ
- **Artifacts（アーティファクト）**：Projectの成果物（JARファイルやWARファイルなど）を設定する。Projectごとに複数の成果物を設定できる

　カテゴリ一覧の「Platform Settings」より下は、その他の設定として次の項目を持っています。

- **SDKs**：Projectが参照するSDK（JDK）を登録する
- **Global Libraries**：Projectをまたいで共有できるライブラリを登録する[注2]
- **Problems**：Project Structureの設定に間違いがあるとき、その問題と解決策を指摘する

Project カテゴリの設定

　ここではプロジェクト名（Project name）、Projectが使うSDK（Project SDK）とその言語レベル（Project language level）、出力ディレクトリ（Project compiler output）を設定します（図8.2）。

注2　IntelliJ IDEAを実行している環境に依存するので、ここにライブラリを登録するのはお勧めしません。

第 8 章　IntelliJ IDEA のプロジェクト管理

図 8.2　Project Structure ダイアログの Project カテゴリ

「Project name」では文字どおり、プロジェクト名を入力します。

「Project SDK」でリストアップされる SDK は「Platform Settings」の「SDKs」に登録済みの SDK です。プロジェクトをチーム間で共有する場合は SDK の登録名をそろえておくことをお勧めします。

「Project language level」では、Java の言語レベルを指定します。この指定はコンパイラの言語レベル[注3]のみならず、Inspection の設定とも連動します。

「Project compiler output」とは、コンパイラが生成するクラスファイルのほかに「Artifacts」で定義した成果物など、Project から出力する（生成する）ファイル群のルートディレクトリを指定します[注4]。

「Project name」以外の設定は、Project 配下にある Module のデフォルトとして使われます。それぞれの設定値は Module ごとに上書きすることもできます（詳しくは後述します）。

Module カテゴリの設定

Modules の要素一覧には、Project に登録されている Module がリストアップされます。要素一覧の上部にあるツールバー、もしくは要素一覧上のコンテキストメニューから

注3　javac の -target オプションに相当します。
注4　Maven の target/ ディレクトリ、Gradle の build/ ディレクトリに相当します。

Moduleの追加（＋）、削除（－）とコピー（🗐）ができます。Module追加のポップアップにある「Framework」はFacetのことで「選択しているModuleに対してFramework（やFacet）を追加する」というように機能します（図8.3）。

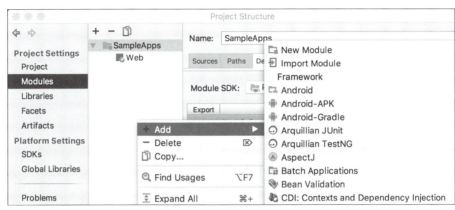

図8.3　Project StructureダイアログのModulesカテゴリ

ModuleにFramework（やFacet）を追加することで、そのModuleが、たとえば「Java EE（JSF／CDI／JPA）をサポートしたWebアプリケーション用Module」であるといった特徴を設定します。Moduleに設定されているFrameworkは要素一覧のModuleにぶら下がっているので、それで確認できます。すべてのFrameworkがModuleにぶら下がるわけではなく、一部のFrameworkは＋で選択できるだけで、設定してもどこにもその形跡が残らないものもあります。

NOTE　厳密に言うと、「Framework＝Facet」ではなく「Framework∋Facet」です。ここで設定したFrameworkが必ずしもすべてFacetになるわけではありません。ここでFacetを選択すると、Project Structureダイアログの右側には、そのFacetの設定項目が表示されます。

Modulesの要素一覧で特定のModuleを選択すると、そのModuleの設定が設定項目に表示されます。設定項目はModule名（Name）とSources／Paths／Dependenciesの3つのタブからなります（図8.4）。

図8.4 Project Structure ダイアログの Modules カテゴリのタブ

Sourcesタブの設定

　Sourcesタブではソースコードの場所（ディレクトリ）を指定します。IntelliJ IDEAはソースコードをプロダクションコードとテストコードに分類して管理できます。この2つには依存関係があり、テストコードからプロダクションコードを参照できますが、その逆はできません。Sourcesタブで設定できるディレクトリの種類は表8.2のとおりです。

表8.2　Sourcesタブで設定できるディレクトリ種別

ディレクトリ種別	意味
Sources	プロダクションコード用ソースディレクトリ(水色)
Tests	テストコード用ソースディレクトリ(緑色)
Resources	プロダクションコード用リソースディレクトリ
Test Resources	テストコード用リソースディレクトリ
Excluded	除外ディレクトリ(赤色)

　リソースディレクトリとは、PropertiesファイルやXMLファイルなどソースコード（Javaファイル）以外のファイル全般を指すリソースファイルを置くディレクトリです。ここに配置したファイルはビルド時にすべて出力ディレクトリにコピーされます。

　ソースディレクトリにリソースファイルを配置することもできます。その代わり、PreferencesダイアログのBuild, Execution, Deployment→Compilerの**Resource patterns**に設定したファイルだけがリソースファイルと認識されます。

　除外ディレクトリ（Excluded Folders）に指定したディレクトリは、IntelliJ IDEAからは「存在しないディレクトリ」として扱われます。IntelliJ IDEAの高機能を支える仕組みの1つに「プロジェクトの索引作り（indexing）」があるのですが、この処理はたいへん負荷のかかる処理でもあります。基本的にProject配下にあるすべてのディレクトリが索引対象となるので、この除外ディレクトリを適切に設定するのがとても重要です。たとえば、ビルド結果を出力するディレクトリなどは除外ディレクトリに指定すべきです。

　これらディレクトリ種別の指定には、図8.5に示す3つの方法があります。どれも結果は同じなので、それぞれ好みの方法で指定してください（指定解除も同じ操作です）。なお、指定するディレクトリは種類ごとに複数指定できます。たとえば、プロダクションコードが複数のディレクトリで構成されているのもアリです。

8.2 プロジェクトの設定（Project Structure ダイアログ）

図 8.5 ディレクトリ種別の指定方法

ModuleにはContent Rootと呼ばれるディレクトリがあります。これはModuleの管理対象（ソースディレクトリ）の起点となるディレクトリのことで、通常は1つだけ設定してあり、Moduleと同じディレクトリを指します。用途があまり思いつきませんが、複数のContent Rootを設定することもできます。

ModuleのSourceタブ右側にある部分が設定箇所です（図8.6）。めったに設定することがないので気に留める必要はありませんが、この設定を使えばModuleの設定ファイル（`*.iml`）をContent Root以外に配置することもできます。

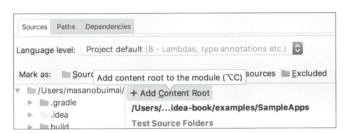

図 8.6 Content Root の設定箇所

Sourcesタブのすぐ下にある「Language level」では、ModuleごとにJavaの言語レベルを指定できます。「Project default」がProjectカテゴリで指定した言語レベルに相当します（Moduleごとに使用するSDK（JDK）も変更できますが、その設定はDependenciesタブにあります）。

Pathsタブの設定

Pathsタブの設定項目は次のとおりです。

- **Compiler output**
  Moduleの出力ディレクトリを指定します。通常は「Inherit project compile output path

（Projectの出力ディレクトリ）」を指定していれば十分です。何かしらの事情で特定の出力ディレクトリを設定したいときは、ここの設定を変更します。

- **JavaDoc**
  Moduleから参照する外部のJavadocを設定します。詳しくは後述しますが、Moduleが依存するライブラリやSDK（JDK）にはそれぞれJavadocを設定できるので、あえてここに設定する必要はありません[注5]。

- **External Annotations**
  アノテーション情報をソースコードに直接記述させないExternal Annotationsという機能[注6]を使うときに使うディレクトリを指定します（このディレクトリにアノテーション情報を保存します）。

Dependenciesタブの設定

Module設定の最後がDependenciesタブです。ここではModuleの依存関係、つまり参照するライブラリを設定します。依存関係の設定が本命なのですが「なぜこれが？」と思う設定も含まれているので、まずはそちらを解説します。

1つは最上部にある「Module SDK」です。ここでModuleごとに使用するSDK（JDK）を設定できます。同じ設定はProjectカテゴリで行っていますが、何かしらの事情でModule個別に設定を変えたい場合は、この設定を変更します（通常はProject SDKを指定していれば十分です）。

もう1つが、設定画面の最下部にある「Dependencies storage format」です。これは依存関係の設定をIntelliJ IDEA形式かEclipse形式（`.classpath`）のどちらのフォーマットで保存するかを指定します。

> NOTE
> プロジェクトをEclipseと共存するときには便利かもしれませんが、複数のIDEでプロジェクトを共有する場合は、MavenやGradleなどのビルドツールを介して共有する方法をお勧めします。そのほうがお互いの依存度が少なく、トラブルも起こりづらいです。

Dependenciesタブのほとんどを占めているのが依存関係の設定です。もっともシンプルな依存関係は図8.7のような、SDK（JDK）のライブラリとModuleそのもの（<Module source>）の2つだけの設定です。

注5　かなり古いバージョンからある設定で、互換性維持のために残っている設定と思って支障ありません。
注6　PreferencesダイアログのEditor→Code Style→JavaのCode Generationタブにある**Use external annotations**をONにすると有効になります。アノテーションが普及した今となってはめったに使うことがない機能なので、知らなくても問題ありません。

8.2　プロジェクトの設定（Project Structure ダイアログ）

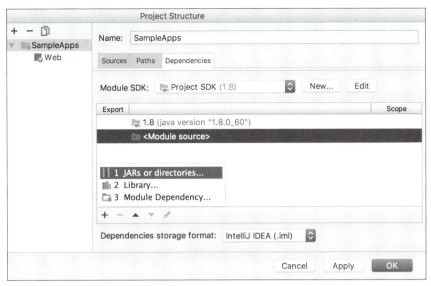

図 8.7　もっともシンプルな依存関係

　これをベースにして必要なライブラリを追加していきます（Moduleも依存関係の対象となりますが、ここではまとめてライブラリと表記します）。ライブラリの追加は＋から行います。ライブラリは3種類あるので、目的に応じて選択してください。

- **JARs or directories...**：すでにあるJARファイルやディレクトリをライブラリとして登録する[注7]。登録したライブラリは無条件でModule Library（後述）となる
- **Library...**：すでに登録済みのライブラリから参照したいものを指定する。ここからも新しいライブラリを登録できる（詳しくは後述）
- **Module Dependency...**：依存するModuleを指定する。指定できるModuleは同じProjectに所属しているModuleだけで、別のProjectにあるModuleは指定できない

　依存ライブラリの並び順には意味があり、参照順に並んでいます。順序を変更したい場合は、▲、▼で並び順を変更してください。
　依存ライブラリの各行にある「Export」と「Scope」の意味は次のとおりです。

- **Export**：ONにすると、このModuleに依存するModuleからもそのライブラリが参照できる
- **Scope**：ライブラリの参照範囲を指定する。選択肢については表8.3を参照

注7　指定するパスはModule配下である必要はありませんが、管理のしやすさを考慮してなるべくModule配下から指定することをお勧めします（最低でもProject配下から指定）。

143

表8.3 Scopeの選択肢のその意味

Scope	意味
Compile	プロダクションコードとテストコードのコンパイル時、それらの実行時に参照される（どのコードの編集中でもコード補完の対象となる）
Test	テストコードのコンパイル時とテストの実行時に参照される（テストコードの編集中のみコード補完の対象となる）
Runtime	実行時にのみ参照される（コンパイル時は参照されないので、このライブラリはコード補完の対象にならない）
Provided	プロダクションコードとテストコードのコンパイル時に参照されるが、実行時は参照されない（どのコードの編集中でもコード補完の対象となる）

　話を戻して、＋で「Library...」を選んだときに表示されるChoose Librariesダイアログから、新しいライブラリを登録する方法を説明します。「New Library...」ボタンを押すと図8.8の (1) のように「Java」と「From Maven...」の2つの選択肢が表示されます。この違いについては、次節で説明するのでJavaを選んだとして話を進めます。

　Javaを選ぶと、ファイルダイアログが開くので、ライブラリとして登録したいJARファイルかディレクトリを指定します[注8]。その後、図8.8の (2) のようなConfigure Libraryダイアログが表示されるので、とくに設定を変更する必要がなければ、そのままOKボタンでライブラリの登録は完了します。

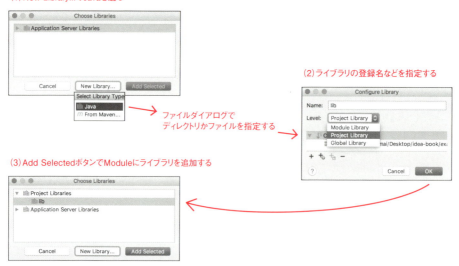

図8.8　新規ライブラリの登録の流れの一例

　IntelliJ IDEAが管理するライブラリは、管理する範囲に応じて次の3種類があり、Configure Libraryダイアログの「Level」で指定します。

注8　 Ctrl や Shift を押しながら選択すれば、複数選択ができます。

- **Module Library**：そのModuleだけが参照できるライブラリ
- **Project Library**：Project内のどのModuleからも参照できるライブラリ
- **Global Library**：どのProjectからも参照できるライブラリ

ライブラリの内容（JARファイルや添付するソースコードやJavadoc）はいつでも変更できますが、この「Level」はライブラリ登録時にしか設定できません。「Level」を変更したい場合は、登録したライブラリをいったん削除してあらためて再登録する必要があります。

Libraries カテゴリの設定

ここにはProject内で共有できるライブラリ（Project Library）がリストアップされています。ライブラリの追加は要素一覧のツールバーから行います。+を押すとポップアップが表示されます。このポップアップの選択肢は次のとおりで、追加したいライブラリの取得方法に応じて選択します。

- **Java**：PCのローカルディスク[注9]上にあるJARファイルやディレクトリをライブラリに指定する。ライブラリの管理上、Project配下のファイルやディレクトリを指定するのが望ましい
- **From Maven…**：Mavenと同じセントラルリポジトリからライブラリを指定する。オプションの指定によっては、指定したライブラリをProject配下にダウンロードすることも可能

「From Maven…」はインターネットに接続していることが前提となりますが、とてもユニークな機能です。これを選択すると図8.9のようなダイアログが表示されます。

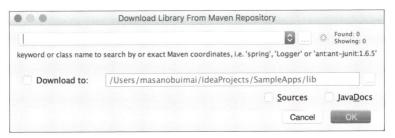

図8.9　Download Library From Maven Repository ダイアログ

ダイアログに凡例が載っているので、それにならい検索したいライブラリのキーワードを入力します。最初から`junit:junit:4.12`のように細かく指定せず、まずは`junit`や

注9　IntelliJ IDEAから参照できるのなら、ネットワークドライブ上でもかまいません。

servlet-apiといったアーティファクト名で検索してから、junit:junit:4.12と絞り込んでいったほうがうまく検索できます。

　検索でヒットした候補から、参照したいライブラリを指定してOKボタンを押すのですが、このとき「Download to」をONにしておくと、ライブラリを指定したディレクトリにダウンロードします[注10]（Sources、JavaDocsのそれぞれをONにしておくと、ソースコードやJavadocのアーカイブファイルもダウンロードしてきます）。

　「From Maven...」はライブラリをMavenのリポジトリから検索するだけではなく、Mavenと同じようにライブラリ同士の依存関係も解決します。「Download to」をONにすると、依存ライブラリも併せてダウンロードしてくれるので、指定したライブラリ一式を手に入れるためにも使えて便利です。

NOTE
　　この「From Maven...」ですが、プロキシ経由でインターネットに接続する環境では正しく動きません。IntelliJ IDEAのプロキシ設定がこの機能に適用されないためで、この問題に関するチケットもあります[注11]（環境変数JAVA_TOOL_OPTIONSにプロキシを設定すれば、とりあえずは解決します）。

　登録済みのライブラリはいつでも変更できます。ModulesカテゴリのDependenciesタブで🖉を押したときのダイアログ、LibrariesカテゴリやGlobal Librariesカテゴリのツールバーの意味はどれも共通です（表8.4）。

表8.4　Librariesカテゴリのアイコンの意味

アイコン	意味
+	JARファイルやソースコードを追加する。追加したファイルやディレクトリがライブラリ本体なのか、ソースコードやJavadocのアーカイブなのかは自動判定する
+◎	JavadocのURLを追加する
+🗂	登録済みのライブラリから、除外したいファイルやディレクトリを指定する
−	選択した対象を削除する

　Projectに1つしかModuleがない場合、Module Librariesだけで十分に思えますが、Project Librariesの利点として「一時的に依存ライブラリを外すことができる」点が挙げられます。依存ライブラリを付けたり／外したりと試行錯誤することは多くはありませんが、頭の片隅に残しているといつか役に立つかもしれません。

注10　「Download to」をOFFにすると、Mavenのローカルリポジトリ（<HOME>/.m2/）にダウンロードします。
注11　https://youtrack.jetbrains.com/issue/IDEA-138243

Facets カテゴリの設定

　ModulesカテゴリでMouduleに設定したFacetを、Facet側から見た内容が表示されます。ここの要素一覧でModuleを選んだときに右側の設定項目に表示される内容はModulesカテゴリでModuleにぶら下がっているFacetを選択したときと同じ画面です。よほど多くのModuleを持つProjectでもない限り、このカテゴリを使う用事はないでしょう（図8.10）。

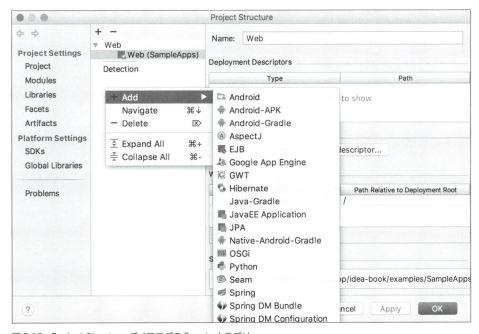

図8.10　Project Structure ダイアログの Facets カテゴリ

　初めてこの機能が登場したときはFacetという名称しか使われていなかったのですが、バージョンを重ねていく内にFrameworkという名称のほうが幅を利かせてきました。今となってはModulesカテゴリでFacetを追加する際はFrameworkも含まれるのに対し、このFacetsカテゴリで追加するときはFacetのみと機能差も出てきており、混乱の元になりかけている感があります。無理に使うこともないので、このカテゴリのことは忘れてしまっても問題ありません。

Artifacts カテゴリの設定

　Projectの成果物を定義します。成果物とは、JARファイルやWARファイルのことです。要素一覧で＋から作成可能な成果物の種類がポップアップされるので、任意の成

果物を選択してください（図8.11）。たとえば、WARファイルを作成したければ「Web Application: Exploded」か「Web Application: Archive」を選びます（前者がWAR展開形式、後者がWARファイル）。この一覧に出る成果物は、有効にしているプラグインによって増減します。

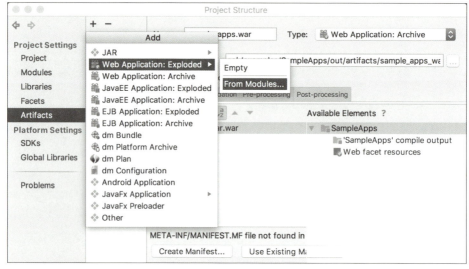

図 8.11　成果物の種類

Artifactsカテゴリの設定項目部分でそれぞれの成果物の内容を設定します。

- **Output directory**：成果物の出力先。デフォルトはProjectカテゴリの「Output directory」を起点に`./artifacts/<成果物名>/`となる（任意のディレクトリに変更可能）。展開形式の成果物は、このディレクトリ直下に生成され、アーカイブ形式はここにアーカイブファイルが生成される（アーカイブファイル名は「Output Layout」で指定する）
- **Type**：成果物の種類。既存の成果物であっても、いつでも種類を変更できる
- **Build on make**：コンパイルするたびに成果物を作るかどうかを指定する

　Output Layoutタブが成果物の中身の設定で、左側に成果物の内容（レイアウト）、右側に成果物に含められる対象（各Moduleのアウトプットや他の成果物など）がリストアップされています。成果物の内容を作り上げていくには、図8.12の3通りの方法があるので、目的と好みに応じて使い分けてください。

8.2　プロジェクトの設定（Project Structure ダイアログ）

その1
左側のコンテキストメニューから追加する

その2
右側から左側にドラッグ&ドロップする

その3
右側のコンテキストメニューから追加する

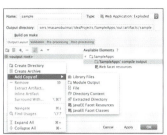

図 8.12　成果物の内容を作り上げる方法

　Pre-processingタブやPost-processingタブで、成果物を作成する前後に任意の処理を挟み込めます。挟み込める処理は、Antのビルドスクリプトで記述する必要があるので、使い勝手が良いとは言いがたいです（それほど用途もないでしょう）。

　ここで定義した成果物は、**Build**メニューの**Build Artifacts...**で生成できます。

COLUMN　プロジェクトに関する設定箇所について

　IntelliJ IDEAはたいへん高機能で、さまざまな設定でいろいろな機能を実現しています。別の言い方をすると、それだけ設定項目が多く、設定箇所も点在しています。本章ではProjectとModuleに注目して、Projec Structureダイアログに的を絞って解説していますが、このダイアログ以外にもプロジェクトに関する設定を行うところがあります。

- **Project Structureダイアログ**
  本章の対象です。ProjectやModuleに対してビルドに関する設定を行います。
- **PreferencesダイアログのProject Settingsカテゴリ**
  コードフォーマットのスタイル指定、ファイルのエンコード指定、バージョン管理の設定などプロジェクト固有の各種設定を行います。Preferencesダイアログの が付いている設定項目がProject Settingsです。
  この設定はProjectで共通で、Moduleごとに設定を変えることはできません。
- **Run/Debug Configurationsダイアログ**
  「アプリケーションを実行する／テストを実行する」といったプロジェクトの実行構成を設定します（**Run**メニューの**Edit Configurations...**で開くRun/Debug Configurationsダイアログで設定します）。実行構成は、Projectごとに任意の種類／個数を設定できます。

　Run/Debug Configurationsダイアログはさておき、プロジェクトに関する設定がProject StructureダイアログとPreferencesダイアログのProject Settingsカテゴリに分かれているの

は、混乱を招きやすいです(EclipseやNetBeansで「プロジェクトプロパティ」として1つにまとまっている設定が、2つに分かれているようなものです)。

これには何か意味があるのだろうか?と深読みしたくなりますが、単に昔からこうだっただけです。IntelliJ IDEAは15年近くの古い歴史を持つIDEです。15年前は設定項目も少なく、目的に応じて設定箇所を分けていましたが、バージョンを重ねるにつれ設定項目が増えていき、今のような状態になりました。そんな事情も知らない新しいユーザには単なる混乱の元でしかありませんね。

8.3 プロジェクト管理の実際 Ultimate

新しいプロジェクトを作る

前節までのおさらいで、New Projectウィザードを使ってJava／Webアプリケーションプロジェクトを作る手順を紹介します。

Welcome画面の**Create New Project**か、**File**メニューの**New | Project...**を選びます。New Projectウィザードの最初の画面で「Java Enterprise」を選び、以下の項目を設定します。括弧内は今回選択した値の例です(図8.13の(1))。

- **Project SDK**：プロジェクト共通で使う(1.8)
- **Java EE version**：プロジェクトがサポートするJava EEのバージョン(Java EE 7)
- **Application Server**：プロジェクトがサポートするアプリケーションサーバ(GlassFish)
- **Additional Libraries and Frameworks**：プロジェクトがサポートするライブラリやフレームワーク(Web Application)

実のところ「Java EE version」は何を選んでも作成するプロジェクトに影響はありません。「Application Server」も、ここで指定したアプリケーションサーバしか使えなくなるわけではなく、このアプリケーションサーバのライブラリがプロジェクト(正しくはModule)に設定されるだけです(詳しくは後述)。

「Additional Libraries and Frameworks」で「Web Application」を選ぶと、ダイアログの下部にそのオプションを指定できます。`web.xml`を作るかどうかの指定(Create web.xml)がありますが、とりあえずONにしておきましょう。

設定が済んだらNextボタンを押して次の画面に行き、以下の項目を設定します(図8.13の(2))。

- **Project name**：プロジェクトの名前(例：sample-web)

- **Project location**：プロジェクトの場所（デフォルトのまま）

> **NOTE**　「Project location」のデフォルトは**<HOME>/IdeaProjects/**ですが、このデフォルト値を別の場所に変更する設定はありません。その代わり、前回指定した場所を覚えているので、それを利用して他の場所を指定します。

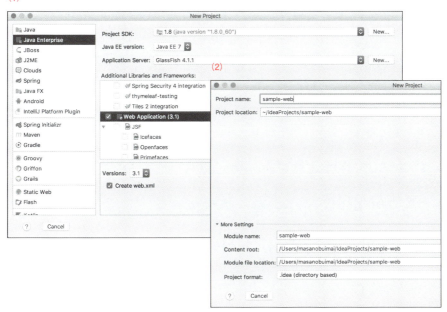

図 8.13　New Project ウィザードから Java ／ Web アプリケーションを作る

ダイアログの下側にある「More Settings」の▶をクリックすると、以下の項目が展開されます。必要に応じて設定してください（今回はデフォルトのままとします）。

- **Module name**：モジュールの名前（デフォルトは「Project name」と同じ）
- **Content root**：モジュールのContent root（デフォルトは「Project location」と同じ）
- **Module file location**：モジュールの設定ファイル（`*.iml`）の場所（デフォルトは「Project location」と同じ）
- **Project format**：プロジェクト管理ファイルのフォーマット[注12]

Finishボタンを押すと図8.14のようなプロジェクトが作成されます。

注12　選択肢にあるファイルベース「.ipr (file based)」は昔のIntelliJ IDEAがサポートしていたフォーマットです。わざわざ選ぶ必要はありません。

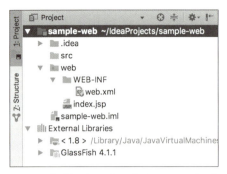

図 8.14 作成された Web アプリケーションプロジェクト

　New Project ウィザードでは、1 つの Module を持つ Project が作成されます（**<PROJECT_HOME>** と **<MODULE_HOME>** が同じ場所を指す）。先ほどのウィザードのやりとりを振り返ると、次の設定を行っていたことになります。

- **図8.13の(1)**：使用する SDK や Dependencies、Facet など Module に対する設定を行う（**File** メニューの **New | Module...** など[注13]で Module を新規追加するときも似たようなダイアログが表示される）
- **図8.13の(2)**：作成するプロジェクトの場所を指定する

　プロジェクトが作成された時点で、表8.5のような設定になっています。それぞれ、Project Structure ダイアログで確認してみましょう。成果物（Artifacts）も実行構成（Run/Debug Configrations）も設定済みなので、すぐ実行できます。

表 8.5　プロジェクトの設定

設定項目	設定値	備考
プロダクションコード置き場	`<MODULE_HOME>/src/`	
JSP などの Web リソース置き場	`<MODULE_HOME>/web/`	
依存ライブラリの設定	アプリケーションサーバで指定した GlassFish が設定済み	Scope は「Provided」
成果物の設定	Module の内容を持つ WAR の展開形式が設定済み	コンテキストルートを「/」に指定して、この成果物を GlassFish にデプロイしている実行構成も設定済み

Module にテストコードを配置できるようにする

　今の Module にはテストコードに関する設定がありません。次の設定を追加して、テストコードを配置／編集／実行できるようにしてみましょう。設定手順はいくつかあり

注13　Project Structure ダイアログの Modules カテゴリで Module を追加するときも同様。

ますが、もっとも手数が少ない方法を紹介します。

- テストコード置き場を設定
- 依存ライブラリにJUnitを設定

まず、テストコード置き場（仮に`<MODULE_HOME>/test/`とします）を設定しましょう。Projectツールウィンドウのコンテキストメニューから**New | Directory**を選び、`<MODULE_HOME>/test/`ディレクトリを作成します。続いてそのディレクトリを選び、コンテキストメニューから**Mark Directory as | Test Sources Root**を選びます（図8.15）。これでテストコード置き場の設定は完了です[注14]。

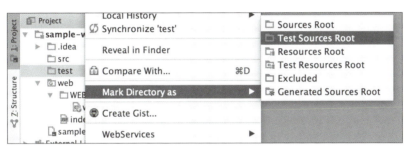

図8.15 テストコード置き場の設定

JUnitを依存ライブラリに設定する方法も何通りかありますが、手っ取り早いのは第4章の「4.5 テストケースの作成」（p.78）でも紹介した「テストクラスを作ってしまい、Alt + ⏎ **Show Intention Action**で依存ライブラリにJUnitを追加する」方法です。

> **NOTE**　Module配下にあるJARファイルやディレクトリをライブラリに登録する場合は、Projectツールウィンドウのコンテキストメニューにある**Add as Library...**で登録することもできます。Project Structureダイアログを開かずに登録できるのでお手軽です。

Projectの成果物を設定する

Java／Webアプリケーション形式のプロジェクトを作成した時点でWAR形式の成果物が設定されているため、成果物を設定する機会は少ないのですが「Artifacts」設定の応用例として、プロジェクトの成果物をZIPファイルにまとめる方法を紹介します。ここで言う「プロジェクトの成果物」とは、JARファイルやWARファイル、さらにプロダクションコードのソースコード・アーカイブなどで、それらをまとめてZIPファイルに

注14　Project Structureダイアログからも設定できますが、こちらのほうが簡単です。

固めます。

成果物の設定は、Project Structure ダイアログの「Artifacts」カテゴリで行いますが、Artifact に ZIP ファイルという種別はないので「JAR」を選びます。JAR ファイルもフォーマットは ZIP 形式なので「Output Layout」にある JAR ファイルの拡張子を **.zip** に変更するだけで OK です（コンテキストメニューの **Rename...** でリネームします）。

成果物に ZIP ファイルを設定できたら、その内容物を詰めていきます。

- **JAR ファイルや WAR ファイルを追加する**

  「Artifacts」に追加したい JAR ファイルや WAR ファイルがあれば、Output Layout タブの右側（Available Elements）の「Artifacts」から該当ファイルを選び、左側の ZIP ファイルにドラッグ＆ドロップします。

  WAR ファイルの展開形式しかないなど該当するファイルがなければ、左側の ZIP ファイルを選び、ツールバーの ▌ またはコンテキストメニューの **Create Archive** で JAR ファイルを作成します（WAR ファイルならば拡張子を **.war** にしてください）。あとは、そのアーカイブファイルに内容物を追加していきます。

    - **JAR ファイルの場合**：右側に「compile output」がないので、左側の JAR ファイルのコンテキストメニューから **Add Copy of | Module output** を選ぶ
    - **WAR ファイルの場合**：右側にある WAR ファイルの展開形式を、左側の WAR ファイルにドラッグ＆ドロップする

- **ソースコードのアーカイブを追加する**

  左側の ZIP ファイルにソースコードのアーカイブファイルを用意します。拡張子は **.jar**、**.zip** のいずれでもかまいませんが、ここでは **.jar** とします。

  作成したソースコードのアーカイブにプロダクションコードのソースコードを登録します。JAR ファイルを作ったときと同じ要領で、ソースコードのアーカイブのコンテキストメニューから **Add Copy to | Directory Content** を選び、プロダクションコードのソースディレクトリ（**<MODULE_HOME>/src/**）を設定します。

- **README ファイルを追加する**

  左側の ZIP ファイルのコンテキストメニューから **Add Copy of | File** を選び、追加したいファイルを指定します。

設定した成果物は **Build** メニューの **Build Artifacts...** から作成を指示できます。できあがった成果物は、Project Structure ダイアログの「Artifacts」カテゴリで指定した「Output directory」にあるので、Project ツールウィンドウから確認できます。この成果物を定義する機能は、他の IDE では目にしないユニークな機能なので、ぜひ使いこなしてみてください。

他のプロジェクトを開く

IntelliJ IDEAは、自分自身が作ったプロジェクト（ネイティブ形式）だけではなく、EclipseやNetBeansといったIDEのプロジェクト、MavenやGradleなどのビルドツールのプロジェクトを開くこともできます。Welcome画面に**Import Project**[注15]と**Open**がありますが、どちらからでも他のプロジェクトを開くことができます。

- **Eclipseプロジェクトを開く**

  Eclipseの**.classpath**や**.project**をプロジェクト管理ファイルとして認識するので、そのいずれかを開きます。

  JDKやライブラリの登録名がEclipseのものとズレている場合は、その旨を示すエラーが表示されるので、プロジェクトを開いたあとでProject Structureダイアログで修正します。**.classpath**や**.project**の内容は常に同期しているわけではなく、初回のみに参照して、プロジェクトを開いたあとはIntelliJ IDEA自身が理解できるネイティブ形式のフォーマットで管理します。

> **NOTE**
>
> ライブラリの依存管理については、Project StructureダイアログのModules→Dependenciesにある「Dependencies storage format」を「Eclipse (.classpath)」にすることで、Eclipseと設定を共有することもできます。ただし、Projectライブラリやディレクトリ指定のライブラリをEclipse側が認識できないので、**.classpath**による共有は、その維持がたいへんです。

- **NetBeansプロジェクト／何でもないプロジェクトを開く**

  通常のNetBeansのプロジェクトはAntベースのプロジェクトです。IntelliJ IDEAは、Antのビルドスクリプト（**build.xml**）をプロジェクト定義ファイルとしては認識しません。つまり「何でもないディレクトリ」として認識しますが、**File**メニューの**Open...**で該当ディレクトリを開くと、それでもプロジェクトとして開きます。

  「何でもないディレクトリ」をプロジェクトとして開こうとすると、そのディレクトリ内を走査して、ソースコードがあればソースディレクトリの候補に、JARファイルがあればライブラリの候補として設定するかどうかを提案してきます。もちろん、プロジェクトとして開いた後ならばいつでも、Project Structureダイアログでそれらの設定を変更できます。

- **Mavenプロジェクトを開く**

  pom.xmlや、**pom.xml**があるディレクトリをプロジェクトとして認識するので、それを**File**メニューの**Open...**で開きます（経験上、**pom.xml**を開いたほうが確実です）。

  Eclipseプロジェクトのときと同じく、**pom.xml**を材料にしてネイティブ形式のプロジェクトを作り

注15　メニューバーの機能で、これに相当するのは**File**メニューの**New | Project from Existing Sources...**です。

第 8 章　IntelliJ IDEA のプロジェクト管理

上げます。**pom.xml** と Project Structure ダイアログの設定は独立していますが、**pom.xml** のほうが優位なので、再同期すると Project Structure ダイアログの設定が上書きされることに注意してください。

pom.xml の再同期は、Maven Projects ツールウィンドウの ⟳ **Reimport All Maven Projects** で行います。もしくは Preferences ダイアログの Build, Execution, Deployment → Build Tools → Maven → Importing の **Import Maven projects automatically** を ON にすると、**pom.xml** を更新するたびに自動で Project Structure との同期を行います。

- **Gradle プロジェクトを開く**

  Maven と同じく、ビルドスクリプト（**build.gradle**）や、それがあるディレクトリをプロジェクトとして認識します（こちらも **build.gradle** を開くことをお勧めします）。Gradle プロジェクトを開く途中、Import Project from Gradle ダイアログが表示されるので、オプションを次に示すように設定しておいてください。

  - **Use auto-import**：build.gradle の変更を即 Project Structure に反映するかどうか。とくに理由がなければ ON にする

  - **Create directories for empty content roots automatically**：build.gradle で暗黙的に宣言されているソースディレクトリを作成するかどうか。Gradle プロジェクトを開いたあとの手間が減るので、ON にしたほうが良い

  - **Create separate module per source set**：ソースセットごとに Module を分割するかどうか。よほど凝ったビルドスクリプトでない限り OFF にしたほうが良い

  このほかにも、たとえば Gradle ラッパーを展開しておきたいのであれば、**Use gradle wrapper task configuration** を ON にすると良いです[注16]。

  プロジェクトを開いたあとは Maven プロジェクトと大差ありません。こちらも **build.gradle** が優位なので、Project Structure ダイアログで設定を変更しても、ビルドスクリプトとの再同期で上書きされます。

COLUMN　**IntelliJ IDEA とビルドツールの関係**

　IntelliJ IDEA は標準で Ant と Maven、Gradle をサポートしています。Ant にはプロジェクトという概念はないので除外しますが、Maven と Gradle のビルドスクリプト（pom.xml や build.gradle）を解析してプロジェクトとして扱います。つまり、ビルドツールごとのビルドスクリプトを直接理解しているのではなく、いったんネイティブ形式に変換しているのです。

　ただし、Maven や Gradle 形式のプロジェクトは、あくまで pom.xml や build.gradle などのビルドスクリプトがプロジェクト設定の原本です。そのことを前提として、次の点に注意しないと、ふとしたきっかけでプロジェクト設定が壊れたように見えてしまいます。

注16　展開される Gradle ラッパーは、そのとき使っていた IntelliJ IDEA にバンドルされているバージョンになります。バージョンが期待していたものと異なる場合は、展開後に gradle-wraper.properties を書き換えて更新してください。

- MavenやGradleのビルドスクリプトの内容は、IntelliJ IDEAの設定より優先されるため、プロジェクトの再同期を行うとProject Structureダイアログの設定が上書きされる
- Project Structureダイアログで行った設定はネイティブ形式止まりで、原本であるビルドスクリプトには反映されない

噛み砕いて言えば「MavenやGradleのプロジェクトを扱う場合は、Project Structureダイアログは設定を確認するためだけに使い、プロジェクトの設定は`pom.xml`や`build.gradle`を直接変更するべき」ということです(図8.16)。

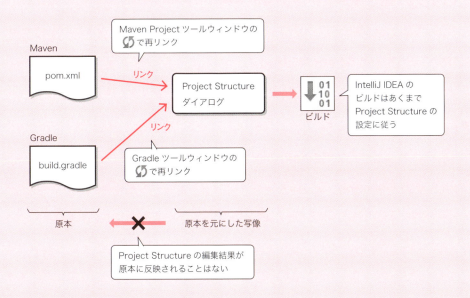

図8.16 IntelliJ IDEAとビルドツールの関係

ビルドスクリプトはプロジェクトを作成するときだけ参照し、あとはネイティブ形式の独立したプロジェクトとして扱うこともできますが、例外的なことを言うとキリがないので、まずは前述のような前提があると割り切ったほうがトラブルも少ないです。

8.4 プロジェクトの設定でよくある悩み

プロジェクト設定がProject StructureダイアログとPreferencesダイアログに分かれているためか、よく見落とされがちな細かい設定を紹介します。ここで紹介する設定の大半は、Preferencesダイアログで行います。

第 8 章　IntelliJ IDEA のプロジェクト管理

ファイルのエンコーディングを指定したい

　ファイルのエンコーディングはPreferencesダイアログのEditor→File Encodingsで指定します。ここの設定はちょっとわかりづらく、それぞれ次の用途に使われます（図8.17）。

- **IDE Encoding**：コンパイル時のエンコーディング（**javac**の**-encoding**オプションに相当）
- **Project Encoding**：新規ファイルのエンコーディング／プログラム実行時のファイルエンコーディング（**java**の**-Dfile.encoding**オプションに相当）

```
                           Preferences
Editor › File Encodings  ⬚ For current project

IDE Encoding:        <System Default> (now UTF-8) ▾

Project Encoding:    UTF-8                         ▾

Override Encoding for Files/Directories
```

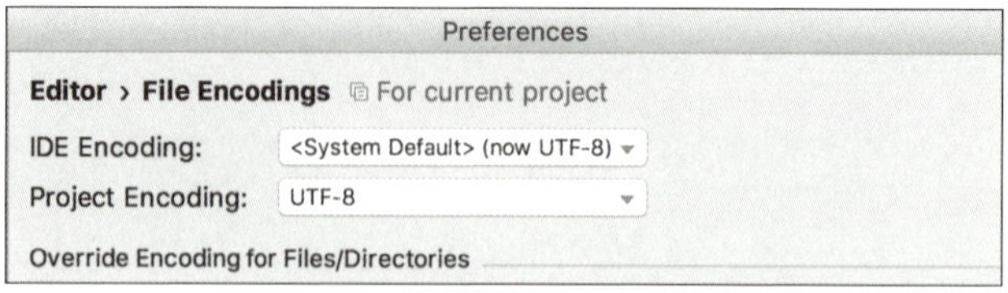

図 8.17　Preferences ダイアログの File Encodings 設定画面

　同画面の「Override Encoding for Files/Directoreis」セクションでは、プロジェクト内のファイルやディレクトリごとにエンコーディングを指定できます（「Project Encoding」の上書き）。ただし、既存ファイルのエンコーディングには影響を与えません。既存ファイルのエンコーディングを変更したい場合は、エディタのステータスバーか**File**メニューの**File Encodings**で変更します。

> **NOTE**　既存ファイルのエンコーディングを変更する際、Reload or Convert toダイアログが表示された場合は、指定したエンコードで読み込み直したい（Reloadボタン）のか、変換したい（Convertボタン）のかを指定します。

　近年のプロジェクトはほぼUTF-8で統一されているので「IDE Encoding」も「Project Encoding」も「UTF-8」に指定しておくのが無難です。たとえば、古いプロジェクトのメンテナンスなどでUTF-8以外のプロジェクトを扱うときに、ここの設定が活きてきます。

　「IDE Encoding」が「UTF-8」で、Windows-31Jで記述されたプロジェクトを扱う場合を例に説明します。まず、やっかいなのは「IDE Encoding」がIDE固有の設定だということです。PreferencesダイアログのEditor→File Encodings自体はプロジェクトごとに設定を持てるのですが「IDE Encoding」だけは別です。つまり「UTF-8」と指定したら、どのプロジェクトでも「IDE Encoding」は「UTF-8」になります[注17]。

注17　プロジェクトを開くたびに「IDE Encoding」を変更すれば話は別ですが、手間を考えると現実的ではありません。

158

改行コードを指定したい

ファイルの改行コードはPreferencesダイアログのEditor→Code Styleの**Line separator (for new files)**で指定します。エンコーディングと同様に、拡張子ごとに改行コードを指定はできず、設定内容も「これから作成するファイル」に対してのみ適用されます。

すでにあるファイルについては、エディタのステータスバーから個別に改行コードを変換するか、Projectツールウィンドウでディレクトリを指定し、**File**メニューの**Line Separators**で一括変換してください。

もし、拡張子ごとにエンコーディング／改行コードを変えたい場合は、Editor Config[注18]の利用をお勧めします。IntelliJ IDEAは標準でEditorConfigをサポートしており、**<HOME>**または**<PROJECT_HOME>**にある**.editorconfig**に従って、編集しているファイルのエンコードや改行コードを設定します。EditorConfigの設定は、IntelliJ IDEAのコードスタイル設定より優先されます。

> **NOTE**　EditorConfigのON／OFFはPreferencesダイアログのEditor→Code Styleの**Enable EditorConfig support**で指定します。

コンパイラの割り当てメモリやオプションを設定したい

Project StructureダイアログではModuleで使用するJDKやその言語レベルを指定できますが、コンパイラに関する設定はPreferencesダイアログで行います。設定箇所はBuild, Execution, Deployment→Compiler以下に散らばっています。

- **コンパイラの割り当てメモリを設定する**
  Build, Execution, Deployment→Compilerの**Build process heap size (Mbytes)**に設定します。この値はJVMの**-Xmx**オプションに相当します。
- **コンパイラのオプションを設定する**
  指定できるオプションは「コンパイラが動いているJVM」に対するものと、「コンパイラそのもの」の2種類あります。
  コンパイラが動いているJVMのオプションはBuild, Execution, Deployment→Compilerの**Shared build process VM options**か、**User-local build process VM options (overrides Shared options)**に設定します（後者の設定が優先されます）。
  コンパイラのオプションはBuild, Execution, Deployment→Compiler→Java Compilerの

注18　http://editorconfig.org/

Additional command line parametersに設定します。デバッグ情報の付加や非推奨APIの警告はそれぞれ専用の設定箇所があります。

> **NOTE** IntelliJ IDEAのコンパイラがどのようなオプションでJVMを起動しているか知りたい場合は、**Build process heap size (Mbytes)** などにあり得ない値を設定して、わざとエラーを起こしてみると良いです。

ProjectやModuleごとにコンパイラや言語レベルを設定したい

　Project Structureダイアログで、使用するJDKやソースコードの言語レベルを設定する方法を紹介しましたが、それ以外にも使用するコンパイラや生成するバイトコードのバージョンなど細かな設定ができます。

- **参照するJDKのライブラリ**
  前述したとおり、Project StructureダイアログのProjectカテゴリの「Project SDK」か ModulesカテゴリのDependenciesタブにある「Module SDK」で指定します。
- **ソースコードの言語レベル**
  前述したとおり、Project StructureダイアログのProjectカテゴリの「Project language level」か、ModulesカテゴリのSourcesタブにある「Language level」で指定します。
- **使用するコンパイラ**
  PreferencesダイアログのBuild, Execution, Deployment→Compiler→Java Compilerの「Use compiler」で指定します。コンパイラの指定はProjectに対して1つで、Moduleごとにコンパイラを変えることはできません。
- **生成するバイトコードのバージョン**
  「使用するコンパイラ」と同じ設定画面の**Project bytecode version**で指定します。Moduleごとにバイトコードのバージョンを変更したければ、その下の**Per-module bytecode version**で個別指定してください（図8.18）。

図8.18　PreferencesダイアログのJava Compiler設定画面

8.4 プロジェクトの設定でよくある悩み

注釈プロセッサ（Annotation Processor）を使いたい

PreferencesダイアログのBuild, Execution, Deployment→Compiler→Annotation ProcessorsのEnable annotation processingをONにすると注釈プロセッサが有効になります。

Moduleの依存ライブラリに注釈プロセッサが含まれているなら、ここでObtain processors from project classpathを有効にしてください。自動的に注釈プロセッサを検知してビルド時に適用します。依存ライブラリに注釈プロセッサが含まれていない場合は、Processor pathを選んで注釈プロセッサのパスを指定します。

Google AutoValue[注19]を例に、注釈プロセッサの適用方法を説明します。まず、リスト8.1をModuleの依存ライブラリに設定します。スコープは「Compile」、「From Maven...」でMavenリポジトリから取得すると設定が簡単です。

リスト8.1 Google AutoValue のライブラリ定義

```
com.google.auto.value:auto-value:1.3
```

PreferencesダイアログのBuild, Execution, Deployment→Compiler→Annotation Processorsを開き、それぞれの設定を表8.6のとおりにしてください（図8.19）。

表 8.6 注釈プロセッサの設定例

設定項目	設定値	意味
Enable annotation processing	ON	注釈プロセッサを有効にする
Obtain processors from project classpath	ON	クラスパスから注釈プロセッサを探す
Store generated sources relative to	Module content root	自動生成するソースコードのディレクトリを、`<MODULE_HOME>`を起点に指定する
Production sources directory	`gen/production`	自動生成したプロダクションコードの出力先
Test sources directory	`gen/test`	自動生成したテストコードの出力先
Annotation Processors	未設定	注釈プロセッサの完全修飾名（FQCN）を指定する
Annotation Processor options	未設定	注釈プロセッサのオプションを指定する

注19 https://github.com/google/auto/tree/master/value

161

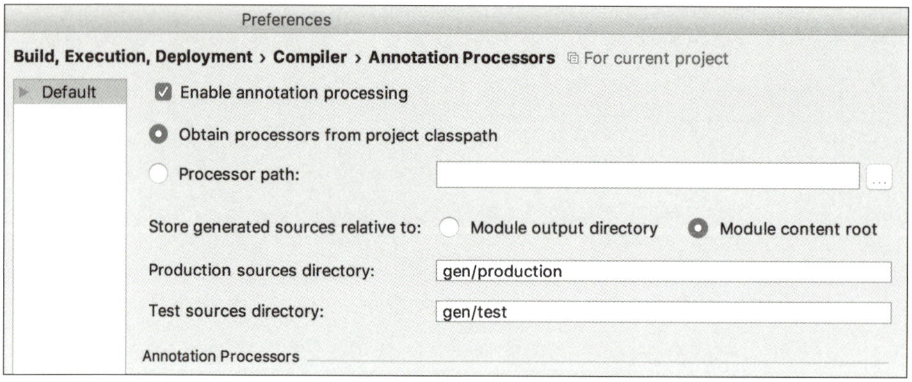

第 8 章　IntelliJ IDEA のプロジェクト管理

図 8.19　Preferences ダイアログの Annotation Processors 設定画面

　これで、注釈プロセッサが有効になりました。ただし、注釈プロセッサが生成するソースコードをプロジェクトが認識できるようになるには、もう一手間要ります。たとえば、リスト 8.2 のようなコードを記述して、**Build** メニューの **Build Project** を実行します。

リスト 8.2　Auto Value のサンプルコード（https://goo.gl/LL9oVy）

```
import com.google.auto.value.AutoValue;

@AutoValue
abstract class Animal {
  static Animal create(String name, int numberOfLegs) {
    // See "How do I...?" below for nested classes.
    return new AutoValue_Animal(name, numberOfLegs);
  }

  abstract String name();
  abstract int numberOfLegs();
}
```

　すると注釈プロセッサ（Auto Value）が働いて `<MODULE_HOME>/gen/production` にソースコードが生成されます。このディレクトリはソースパスとして認識されていないため、エディタからは自動生成されたソースコードが参照できません。これを解決するために、Project ツールウィンドウのコンテキストメニューから **Mark Directory as | Generated Sources Root** を選び、自動生成用のディレクトリをソースパスに追加します（図8.20）。テスト用の自動生成ディレクトリがあれば同様に指定します（どういうわけか、これらの設定はProject Structure ダイアログからはできません）。

162

> **NOTE** デフォルトでは、Annotation ProcessorsのStore generated sources relative toは「Module output directory」になっていますが、それだと自動生成用のディレクトリも無視ディレクトリに含まれるため、ソースパスに設定できません[注20]。

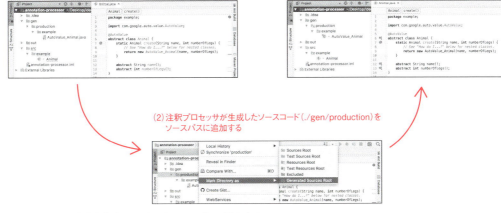

図8.20 自動生成ディレクトリをソースパスに設定する

　これで注釈プロセッサの設定は完了です。補足になりますが、Preferencesダイアログ のBuild, Execution, Deployment→CompilerのClear output directory on rebuildをONにすると、BuildメニューのRebuild Projectでリビルドするときに、自動生成ディレクトリを削除して再生成します。注釈プロセッサによる"ゴミ"が気になる場合は、このオプションの設定とリビルドの実行を意識してください。

プロジェクトをテンプレートに保存したい

　Project Structureダイアログや、PreferencesダイアログのProject Settingsでプロジェクトの設定を細かく調整できるのは便利なのですが、プロジェクトを作るたびに設定するのはとても骨が折れる作業です。

　そんな手間を少しでも減らす方法が用意されています。1つは、Project StructureダイアログやPreferencesダイアログのデフォルト値を設定する方法です。

　プロジェクトを開いている最中もFileメニューのOther Settingsから設定できますが、ベストなのはプロジェクトをすべて閉じた状態で、Welcome画面右下にあるConfigure | Project Defaultsのサブメニューから設定する方法です。

注20　このオプションの存在価値が問われます。

- **Settings (Default Settings)**
Preferencesダイアログのうち、Project Settingsに属している項目のデフォルト値を設定します。IDE Settingsを隠しているだけで、Welcome画面の**Configure | Preferences**で設定するのと変わりありません。
- **Project Structure (Default Project Structure)**
Project Structureダイアログのデフォルト値を設定します。設定できる部分はProjectカテゴリとLibrariesカテゴリの2ヵ所ですが、実質「Projectがデフォルトで使うJDK」の設定しかできません。

　Preferencesダイアログの設定はまだしも、Project Structureダイアログのデフォルト設定は思ったほど大した設定ができません。Moduleの構成も含めて、ある程度まとまった形でプロジェクトのひな形を残したければ「プロジェクトテンプレート」と呼ばれる機能を使います。

　プロジェクトテンプレートの作成はとても簡単です。プロジェクトを開いている状態で、**Tools**メニューの**Save Project as Template**を実行すると、そのプロジェクトの内容すべてがテンプレートとして保存されます。

> NOTE
> プロジェクトテンプレートに保存される内容は、そのときのプロジェクトの状態のすべてです。つまり、Project StructureダイアログやPreferencesダイアログの設定内容や、Moduleを構成しているソースコードやライブラリなどがすべて網羅されます。

　保存したプロジェクトテンプレートは**New | Project…**などで新規プロジェクトを作成するときのNew Projectダイアログから選択できるようになります（図8.21）。

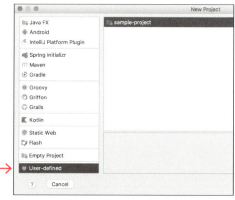

図 8.21　プロジェクトのテンプレート化とその利用

保存したプロジェクトテンプレートは**Tools**メニューの**Manage Project Templates**で管理できますが、できることはテンプレートの削除くらいです。プロジェクトテンプレートそのものは`<IDEA_CONFIG>/projectTemplates/`[注21]にZIPファイルで格納してあります。このZIPファイルの中身を確認するとプロジェクトテンプレートの内容がどのようなものかわかります。また、**Tools**メニューの**Manage Project Templates**は、このディレクトリのファイルを参照・操作しているだけなので、このディレクトリを直接操作することで、テンプレートのコピーやリネームなども可能になります。

注21　MacとWindows/Linuxとでディレクトリのパスが異なります。

9.1 Java EE プロジェクトを用意する

第9章

Ultimate

Java EE プロジェクトで開発する

IntelliJ IDEA Ultimate Edition固有の機能であるJava EEサポートについて紹介します。Java EEサポートでは幅広く、本章ですべてを網羅することはできません。ここでは基本となる次の機能を中心に、IntelliJ IDEAのJava EEサポートについて紹介していきます。

- Java EEアプリケーションプロジェクトの作成
- Java EEアプリケーションサーバの実行
- Java EEアプリケーションサーバの開発

IntelliJ IDEAのすべてに通じる哲学なのですが、このIDEは基本的に初心者に対して優しくありません。利用者が対象となる技術を熟知していることを前提に、コーディングや設定をサポートします。ウィザードのような親切なユーザインターフェースが少ないのも、それが由縁でしょう。ストレスなくJava EEサポートと付き合う心構えは「あまり期待しないこと」です。

> **NOTE** とくにJava EEサポートは素っ気なさが顕著で、いろんなことをIDEに頼ろうと思うと逆に痛い目に遭います。本章では、そのあたりの注意点も紹介していきます。

9.1 Java EE プロジェクトを用意する

Java EEそのもののわかりづらさとIntelliJ IDEAの素っ気なさが相まって、Java EE／IntelliJ IDEAのどちらにもあまり詳しくない人にとっては、IntelliJ IDEAでJava EEプロジェクトを作成すること自体が大きなハードルです。

仕組みを知ったほうがのちのち便利なことも多いのですが、手っ取り早くJava EEを使ってみたいという人は、適当なディレクトリにリスト9.1の`build.gradle`を用意して、**File**メニューの**Open...**で`build.gradle`を開いてください[注1]。このディレクトリを

注1　`build.gradle`を指定すると、Open Projectダイアログで「ファイルとして開くか／プロジェクトとして開くか」を聞いてくるので、後者（Open as Project）を選択してください。

GradleのJava EEプロジェクトとして認識します。

リスト9.1　Java EEプロジェクト用のビルドスクリプト（build.gradle）

```
repositories {
  jcenter()
}

apply plugin: 'java'
apply plugin: 'war'

archivesBaseName = "sample-web"

sourceCompatibility = 1.8
targetCompatibility = 1.8

dependencies {
  testCompile 'junit:junit:4.12'
  providedCompile 'org.jboss.spec:jboss-javaee-7.0:1.0.3.Final'
  runtime 'org.eclipse.persistence:eclipselink:2.6.4'
}
```

途中、Import Project from Gradleダイアログが表示されるので図9.1のようにオプションを設定しておいてください。ここで大事なことは、次の2つです[注2]。

- **Create directories for empty content roots automaticallyをONにする**：暗黙的に設定されているソースディレクトリを自動生成する
- **Create separate module per source setをOFFにする**：ソースディレクトリごとにModuleを作成しない

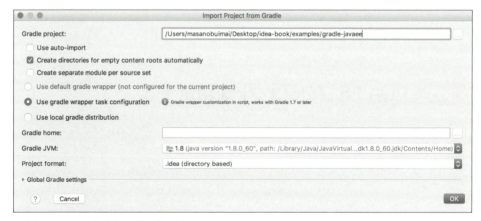

図9.1　Import Project from Gradleダイアログ

注2　それぞれのオプションの意味については第8章の「他のプロジェクトを開く」(p.155) を参照してください。

プロジェクトを開き終わると必要なディレクトリが作成され、図9.2の右側のようなディレクトリ構造になります。

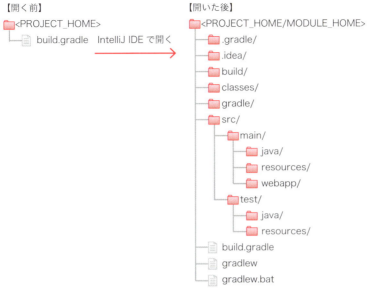

図9.2　プロジェクトの構造

　このプロジェクトはJava EE 7に対応しており、開いた時点で次の機能が有効になっています。

- Servlet/JSPとJSFの開発支援
- CDIとBean Validationの開発支援（CDIは一部の機能が無効）
- EJBの開発支援
- Webサービス（JAX-WSやJAX-RS）の開発支援

　以下の機能については、設定が不足しているため、この時点では無効になっています（有効にする方法は後述します）。

- JPAの開発支援
- エンタープライズ・アプリケーション・アーカイブ（EAR）の作成

　プロジェクトの成果物（Artifacts）として、アーカイブ形式と展開形式のWARファイルが設定済みなので、**Run**メニューの**Edit Configurations...**からGlassFishなどの

第9章　Java EE プロジェクトで開発する

アプリケーションサーバを指定すればすぐ実行できます[注3]。ただし、図9.2のようにプロジェクトを作成した直後では、JSPもServletも何もないので、アプリケーションサーバにデプロイしても404（Not Found）になります。

Java EE プロジェクトを満たす条件

IntelliJ IDEAはプロジェクトを構成しているライブラリやファイルから、そのプロジェクトの特徴（Facets）を自動的に検知します。そのため、New ProjectウィザードやNew Moduleウィザードでプロジェクトを作成しなくても、Java EEプロジェクトを作ることができます。

では、どのような条件を満たせばJava EEプロジェクト（正確にはModule）と認識するかですが、次の条件の内1つもしくは2つを満たすだけで良いです。

- Java EEのライブラリが設定されていること
- Java EEに必要な設定XMLファイルが設定されていること

それぞれの条件について、具体例を説明します。

● Java EE のライブラリが設定されていること

Moduleの依存関係（Dependencies）にJava EEのライブラリが設定されていることが、Java EEプロジェクトの必須条件となります。具体的には、表9.1のいずれか（またはそれ相当のライブラリ[注4]）になります。プロファイルごとに「インターフェースのみ」と「実装あり」の2種類ありますが、この違いがわからない場合は「実装あり」を選択するのが無難です。Java EEライブラリは「実行環境から提供されるもの」なので、スコープは「Provided」とします。

リスト9.1では「Java EE 7（Fullプロファイル）の実装あり」を設定しています。

表9.1　Java EE のライブラリ

プロファイル	ライブラリ	備考
Java EE 6 （Webプロファイル）	`javax:javaee-web-api:6.0`	インターフェースのみ
	`org.jboss.spec:jboss-javaee-web-6.0:3.0.3.Final`	実装あり
Java EE 6 （Fullプロファイル）	`javax:javaee-api:6.0`	インターフェースのみ
	`org.jboss.spec:jboss-javaee-6.0:3.0.3.Final`	実装あり
Java EE 7 （Webプロファイル）	`javax:javaee-web-api:7.0`	インターフェースのみ
	`org.jboss.spec:jboss-javaee-web-7.0:1.0.3.Final`	実装あり

注3　設定しているJava EEのライブラリがFull Profileのものなので、アプリケーションサーバにはTomcatやJettyではなく、GlassFishやWildFlyなどを指定してください。

注4　TomcatやGlassFishなどのアプリケーションサーバのことです。これらをDependenciesに設定すると、そのアプリケーションサーバが持つJava EEライブラリが設定されたことになります。

プロファイル	ライブラリ	備考
Java EE 7 （Full プロファイル）	`javax:javaee-api:7.0`	インターフェースのみ
	`org.jboss.spec:jboss-javaee-7.0:1.0.3.Final`	実装あり

- ● **Java EEに必要な設定XMLファイルが設定されていること**

前置きとして、`web.xml` や `ejb-jar.xml` のような配備記述子（Deployment Descriptor）や、`persistence.xml` や `faces-config.xml` のような設定ファイルを総称して「設定XMLファイル」と呼ぶこととします。

Java EE 6以降は `web.xml` などの一部の設定XMLファイルは省略できるようになりましたが、まだIntelliJ IDEAが省略できることに追随できていないサポート機能が多くあります。表9.2は、サポート機能と設定XMLファイルの関係をまとめたものです[注5]。

リスト9.1の初期状態では設定XMLファイルが1つもないため、ライブラリの条件はJava EEのFullプロファイルを満たしているのにもかかわらず、IntelliJ IDEAのサポート機能はCDIサポートが一部無効で、JPAサポートが無効になっています。

表9.2 Java EE の機能と対応する設定 XML ファイル

Java EEの機能	対応する設定XMLファイル	IntelliJ IDEAのサポート機能
CDI	`beans.xml`	省略すると一部のサポート機能が無効
Web	`web.xml`	省略してもサポート機能は利く
JSF	`faces-config.xml`	省略してもサポート機能は利く
JPA	`persistence.xml` や `orm.xml`	`persistance.xml` がないとサポート機能が有効にならない
EJB	`ejb-jar.xml`	省略すると一部のサポート機能が無効
EAR	`application.xml`	`application.xml` がないとサポート機能が有効にならない
Batch	`batch.xml`	Batchのサポート機能はない

NOTE　　　表9.2は厳密には正確ではありません。IntelliJ IDEAがJava EEの個々の機能をサポートするかどうかは、プロジェクト（Module）に、それらに相当するファセット（Facets）が設定されているかどうかによります。このファセットはクセを掴まないと厄介なしろものなので、詳細について「9.3　Java EEプロジェクトで開発してみよう」（p.175）で解説します。

注5　これらの設定XMLファイルは、IntelliJ IDEAのしかるべき方法で作成しなくても、`WEB-INF/` や `META-INF/` といった適切なディレクトリに配置してあれば、自動検知してその機能を有効にするかどうかを問い合わせてきます。

第9章 Java EE プロジェクトで開発する

> **COLUMN** New Projectウィザードを勧めない理由(ワケ)
>
> IntelliJ IDEAがJava EE 対応に力を入れていた時期がJava EE 5 ～ 6あたりのころで、そのなご
> りが残っているためか、New Projectウィザードが作成するJava EEプロジェクトは参照ライブラ
> リが古かったり、作成する設定XMLファイルが古かったりと、あまり良いことがありません。たいて
> いの場合、プロジェクト作成後にProject Structureダイアログで設定の微調整が必要になります。
> それをわかっていて使うのはかまいませんが、どうみても初学者やあまり詳しくない人にはお勧めで
> きるものではありません。
>
> たとえば、Projectツールウィンドウのコンテキストメニューから指定する「Add Fremework」で
> は、選択したテクノロジ(フレームワークや言語)によって作成される設定XMLファイルの場所がバ
> ラバラです。モジュールのルートディレクトリに`META-INF/`を作成したり、`src/META-INF/`に作成し
> たりと一貫性がありません。
>
> また依存ライブラリを自動ダウンロードするのですが、Mavenのセントラルリポジトリではなく
> JetBrains独自のリポジトリからダウンロードしてくるので、ライブラリのバージョンが古くなってい
> るものもあります。
>
> まったく良いところがないNew Projectウィザードですが、ふとしたことで改善されているかもし
> れませんので、忘れたころに再チャレンジしてみるのも良いでしょう。

9.2　Java EE プロジェクトを実行してみよう

Java EEプロジェクトの実行とは、WARやEARといったアプリケーションアーカイ
ブを作成し、TomcatやGlassFishなどのアプリケーションサーバにデプロイすることを
指します。

アーティファクトを準備する

前述した`build.gradle`を開いてJava EEプロジェクトを作成した場合は、すでにアー
カイブ形式と展開形式の2種類のWARがProject StructureダイアログのArtifactsに設
置済みです。それ以外の方法でJava EEプロジェクトを作成した場合は、各自で必要と
するアプリケーションアーカイブをArtifactsに登録するところからはじめてください。

アプリケーションサーバの実行設定を行う

アプリケーションサーバの実行設定は**Run**メニューの**Edit Configurations...**から
行います。IntelliJ IDEAがサポートしているアプリケーションサーバは数多くあります

が、どのアプリケーションサーバを選んでも、大まかな設定方法は変わりありません。ここではGlassFishを例に、アプリケーションアーカイブのデプロイとアプリケーションサーバの実行方法を説明します。

Run/Debug Configurationsダイアログの左上にある**+**を押し、Add New Configurationsポップアップから「GlassFish Server」を選びます。選択肢に「Local」と「Remote」がありますが、ここでは「Local」を選んでください注6。

「GlassFish Server」の「Local」を選択するとダイアログの右側に設定項目が表示されます。ServerタブのApplication serverで起動するGlassFishを指定します。まだIntelliJ IDEAにGlassFishを登録していない場合は、Configureボタンから登録できます（もしくは、PreferencesダイアログのBuild, Execution, Deployment→Application Serversから登録できます）。

> **NOTE** GlassFishに限らず、IntelliJ IDEAに登録するアプリケーションサーバは、事前にローカル環境にインストールしておく必要があります。ライブラリと異なり、アプリケーションサーバのインストールを支援する機能はありません。

Serverタブにある他の設定項目は、アプリケーションサーバごとに詳細が異なりますが、基本的に次のことを設定します（図9.3）。GlassFishの場合は、使用するドメインを指定しなければなりませんが、たいていはデフォルトのままで十分です。

- アプリケーションサーバ起動後に開くWebブラウザの設定
- アプリケーションサーバそのものの設定（使用するJVMや固有のオプションなど）

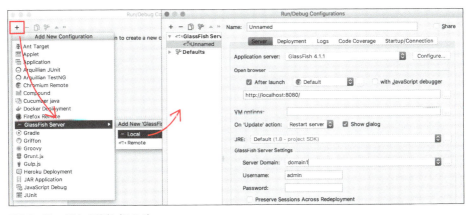

図9.3　GlassFishの設定（その1）

注6　IntelliJ IDEAからGlassFishを起動する場合は「Local」、すでに起動しているGlassFishに接続する場合は「Remote」を選びます。

Serverタブの設定が済んだら、Deploymentタブでアプリケーションサーバにデプロイするアプリケーションアーカイブを設定します。「Deploy at the server startup」欄にある＋から「Artifacts...」を選び、デプロイしたいアプリケーションアーカイブを指定します[注7]。

アプリケーションアーカイブごとにコンテキストパスを変更できます。デフォルトではルートコンテキスト（/）に設定してありますが、変更したければ「Application context」を任意の値で登録しなおしてください（図9.4）。

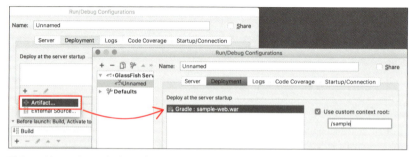

図9.4　GlassFishの設定（その2）

> **NOTE**　Deploymentタブの設定は自由度が高く、複数のアプリケーションアーカイブをデプロイできます。同じアプリケーションアーカイブであっても、異なるコンテキストパスを指定して複数デプロイすることもできます。

アプリケーションサーバを実行する

Runメニューやツールバーからアプリケーションサーバを起動すると、設定したアプリケーションアーカイブが自動的にデプロイされて、アプリケーションが実行可能になります。実行方法は表9.3のように何通りかあるので、そのときの目的に応じた実行方法を指定してください。

表9.3　ツールバーのアプリケーション実行アイコンの種類と意味

アイコン	意味
▶	アプリケーションサーバを実行する
🐞	デバッグモードでアプリケーションサーバを実行する
▦	カバレッジモードでアプリケーションサーバを実行する

注7　「External Source...」を選択すると、アーティファクトに登録していないアプリケーションアーカイブも指定できます。

9.3 Java EE プロジェクトで開発してみよう

> **NOTE**　同じ実行構成を異なる実行モード（通常実行とデバッグ実行）で同時に実行することはできませんが、異なる実行構成を同時に実行することはできます。たとえば、GlassFishとTomcatの2つの実行構成を用意し、その2つを同時に実行するといったことが可能です。

9.3　Java EE プロジェクトで開発してみよう

　では実際にJava EEプロジェクトでServletやCDI管理Beanを開発してみましょう。プロジェクトの初期状態は「9.1　Java EEプロジェクトを用意する」（p.167）の図9.2を想定して解説していきます。IntelliJ IDEAができることをすべて紹介していくとキリがないので、Java EEの要素技術ごとにサポート機能のおもな特徴と注意事項を挙げていきます。

　本節で紹介する機能や操作のほかにも、さまざまなサポート機能が用意されています。たとえば、Servletクラスを作成するにしても複数通りのやり方があります。どの操作が正解ということはないので、各自が手に馴染む方法を見つけてください。

> **NOTE**　この節では、作成する設定ファイルやソースコードのテンプレートがどこに定義されているかについても紹介します。テンプレートの定義はPreferencesダイアログのEditor→File and Code Templates設定画面に集約されており、本文中でたとえば「テンプレートのOtherタブのCDI→beans.xml」とあったら「File and Code Templates設定画面のOtherタブのCDI→beans.xml」と読み替えてください。

CDI や Bean Validation の開発サポート

　CDIとBean Validationは、相応するライブラリが依存関係に設定されていれば、とくに設定することなく使用可能になります。つまり、リスト9.1のプロジェクトを開いた時点で両者のサポート機能は有効になっています。

　サポートが有効になっているかどうかは、画面右側にCDIツールウィンドウ、Bean Validationツールウィンドウが表示されているかどうかでもわかります。

CDIツールウィンドウとCDIのサポート機能

　CDIの開発サポートといっても、これといった支援機能はありません。CDI管理Beanの作成などは、一般的なJavaクラスを作成するのと変わりなく、**@Named**や**@Inject**などのアノテーションも普通にコーディングしていくだけです。

　ささやかながら、CDIツールウィンドウにCDI管理Beanの一覧がカテゴリ別に表示

されるので、これを頼りにCDI管理Beanを把握できます。このツールウィンドウは参照専用でコンテキストメニューも表示されませんが、対象となるCDI管理Beanをダブルクリックすると、そのファイルをエディタに表示します。

CDI管理Beanの情報は（画面下にある）Java Enterpriseツールウィンドウにも表示されます。このツールウィンドウで「CDI」を選ぶと、プロジェクト内のCDI管理Beanが一覧表示され、それぞれを選択するとドリルダウンしていき、インジェクションされる情報などが参照できます。

このツールウィンドウで参照できる情報は、ツールウィンドウの左端にあるツールバーによって切り替わります。ツールバーの機能については、表9.4のとおりです（ボタンはトグルになっており、ON／OFFが切り替わります）[注8]。

表9.4　Java Enterpriseツールウィンドウのツールバー（CDI選択時）

アイコン	意味
(■)	Java EE要素技術やフレームワークごとに分類して表示するかどうか（常にONにしたほうが良い）
🗗	Moduleごとに分類して表示するかどうか
🔍	CDI管理Beanを表示するかどうか（常にONにしたほうが良い）
🔍	プロデューサを表示するかどうか
📊	依存関係の図を表示するかどうか（OFFにするとCDI管理Beanの情報が表示される）
⬛	CDI管理Beanのインジェクションポイントを表示するかどうか

コードを探索する用途では、CDIツールウィンドウよりもJava Enterpriseツールウィンドウのほうが便利です。とくにツールバーの📊をONにしたときに表示されるクラス図は、CDI管理Beanの全体図を把握するのに役に立ちます（図9.5）。

コードを探索するのであれば、CDI管理Beanをエディタに表示するとガーターエリアに、インジェクションポイントには🔍、インジェクションされる側のCDI管理Beanにはそれを示す⬛が表示されます。

注8　このツールバーは、CDIを選んだときだけ表示されます。

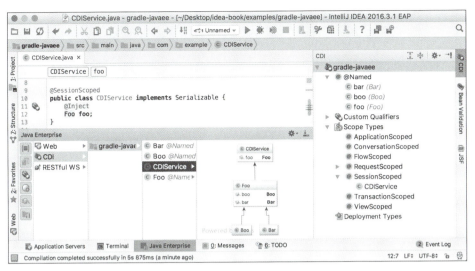

図 9.5　CDI に関するツールウィンドウ群

インジェクションポイントの はクリックすると、インジェクションされる側のCDI管理Beanにジャンプします。キーボードで操作する場合は、**Navigate**メニューの**Related Symbol...**（Command + Ctrl + ↑（Ctrl + Alt + Home））を実行します。インジェクションされる側の もクリック可能で、インジェクションポイントにジャンプすることができます。

CDIサポートとbeans.xmlの関係

CDI管理Beanを編集していてもエディタにガーターアイコンが表示されない場合は、**beans.xml**がないことを疑ってください。Java EE 7（CDI 1.1）から**beans.xml**は省略できるようになりましたが、IntelliJ IDEAがそれに追従しきれていないようです[注9]。

IntelliJ IDEAで**beans.xml**を作成する方法は2通りあります。1つはCDIファセットを追加するときに「Create beans.xml」をONにすることです。ただし、この方法はライブラリの設定を壊す弊害もあるのでお勧めしません。

もうひとつは、Projectツールウィンドウで**META-INF/**か**WEB-INF/**ディレクトリを選択して、**File**メニューまたはコンテキストメニューから**New | XML Configuration File | CDI beans.xml**を選ぶことです（図9.6）。

注9　一時的な問題で、そのうち解決するかもしれません。

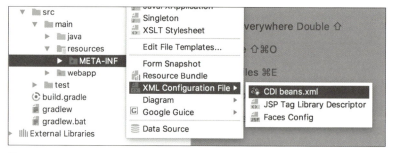

図9.6　Projectツールウィンドウ上でbeans.xmlを作成する

　どちらの方法でも、依存関係に設定されているCDIのバージョンに応じた**beans.xml**が生成されます。**beans.xml**の原本は、テンプレートのOtherタブにCDIカテゴリとして定義されています。登録名がどちらも**beans.xml**のため区別が付きませんが、一方はCDI 1.1、もうひとつがCDI 1.0用のテンプレートです（図9.7）。

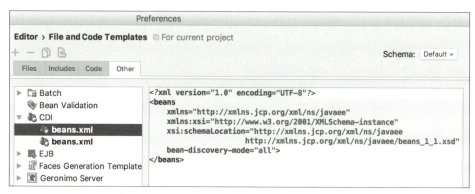

図9.7　beans.xmlのテンプレート定義の例

> **NOTE**　テンプレートに定義されているCDI 1.1の**beans.xml**は、**bean-discovery-mode="all"**になっている点に注意してください（CDI 1.1のデフォルトは、**bean-discovery-mode="annotated"**です）。

Bean Validationのサポート機能

　Bean Validationのサポート機能は、CDI以上に多くありません。Bean Validationツールウィンドウで、Bean Validationの設定内容をブラウズするくらいです。

　このツールウィンドウも参照専用ですが、CDIツールウィンドウと比べると、Option + Space（Ctrl + Shift + I）**Quick Definition**とCtrl + J（Ctrl + Q）**Quick Documentation**が使えるので、少しだけ使い勝手が良いです（図9.8）。

なおCDIと異なり、Java EnterpriseツールウィンドウにはBean Validationの情報は表示されません。

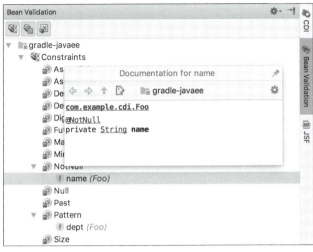

図9.8　Bean Validationツールウィンドウ

Servlet/JSPの開発サポート

ServletとJSPのサポート機能は、IntelliJ IDEAのJava EEサポートのもっとも基本的な機能と言えます。古くからサポートしているため機能がこなれており、これといったクセがないのが特徴です。最近のJava EEではServletやServletフィルタもアノテーションベースで開発できるため、IDEのサポートもそれほど必要としなくなっているのが残念なところです。

web.xmlの作成（Webファセットの設定）

ServletやJSP、JSFといったWebアプリケーションを開発できるようにするには、ModuleにWebファセットを設定しなければなりません。Webファセットは専用の設定画面を持ち、`web.xml`（デプロイメント記述子）の指定と、Webリソースディレクトリを指定します[注10]。

Webリソースディレクトリとは、HTMLやJSP、CSSなどを格納するディレクトリのことです。このディレクトリはアイコンとして が示すとおり、通常のリソースディレクトリ（ や ）とは異なるWeb専用のリソースディレクトリとして扱われます（リスト9.1のプロジェクトでは、`<MODULE_HOME>/src/main/webapp/`がWebリソースディレク

注10　プロジェクトに`web.xml`があれば自動検知してWebファセットを設定します。

トリに設定済みです）。

最近のServlet仕様では`web.xml`を省略できるので、とりたて重要な設定XMLファイルではありません。仮に必要となった場合は、Webファセットから新規作成するとテンプレートに則って作成するので、少しだけ便利です。**＋**で新規に`web.xml`を作成したときだけ、`web.xml`のバージョンを指定できます（図9.9）[注11]。

IntelliJ IDEAの設定上、`web.xml`はどこに作成してもかまいませんが、Webリソースディレクトリ直下の`WEB-INF/`ディレクトリに作成するのが慣例です。

> **NOTE** テンプレートから`web.xml`を作成できるのはここからだけで、Projectツールウィンドウや Webツールウィンドウからは作成できません。

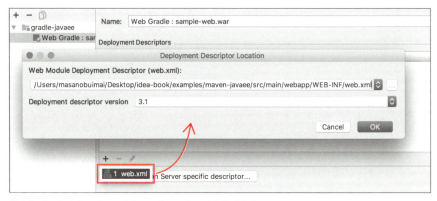

図9.9　Project Structureダイアログでweb.xmlを作成する

Webファセットを設定すると、Webツールウィンドウ（左端）が使えるようになります。

ServletやJSPの作成

ServletやJSPは**File**メニューやコンテキストメニューの**New**サブメニューから作成できます。メニューの項目が出てくる条件がデリケートで、Projectツールウィンドウならソースディレクトリ内でなければメニューに現れません。また、Webツールウィンドウからも作成できます。

生成するコードには、それぞれテンプレートが用意されています。**New**サブメニューの項目とテンプレートの関係を表9.5にまとめました。生成するコードが気に入らない場合は、ここを参考にしてテンプレートを書き換えてください。

注11　web.xmlのテンプレートはバージョンごとに**Web / Deployment descriptors**に定義されています。

9.3　Java EE プロジェクトで開発してみよう

表 9.5　New サブメニューの Servlet 関連の項目のテンプレートの場所

Newサブメニューの項目	意味	対応するテンプレート名(Otherタブ)
Servlet	サーブレットを作る	Web →Java code templatesの以下の項目 ・Servlet Class.java ・Servlet Annotated Class.java
Filter	サーブレットフィルタを作る	Web →Java code templatesの以下の項目 ・Filter Class.java ・Filter Annotated Class.java
Listener	サーブレットリスナーを作る	Web →Java code templatesの以下の項目 ・Listener Class.java ・Listener Annotated Class.java
JSP/JSPX	JSP(*.jsp) または JSPX (*.jspx) を作る	Jsp filesの以下の項目 ・Jsp File.jsp ・Jspx File.jspx

　たとえば**New | Servlet**を選択すると、図9.10のようなNew Servletダイアログが表示されます。「Name」はサーブレット名、「Class」はサーブレットクラスに反映されるので必要な項目を入力してください（Moduleに`web.xml`が用意されている場合、「Create Java EE 6 annotated class」のチェックを外すことができます。このチェックを外すとサーブレットやサーブレットフィルタの宣言がアノテーションの代わりに、`web.xml`に反映されます）。

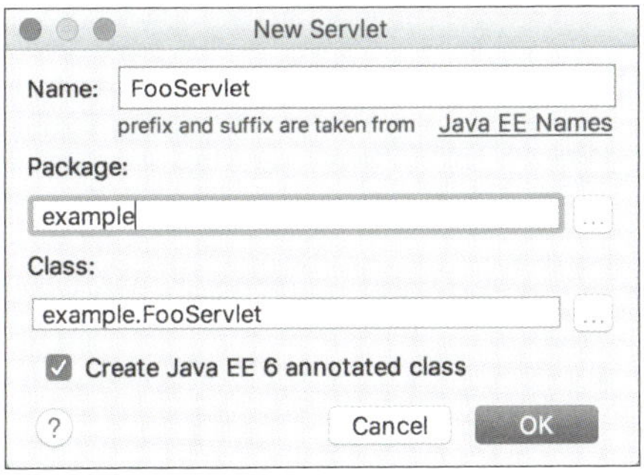

図 9.10　New Servlet ダイアログ

NOTE　Java EnterpriseツールウィンドウにもServletの情報が表示されますが、どういうわけかFilterやListenerが表示されません。一時的な問題なのかもしれませんが、ServletやFilterについてはWebツールウィンドウのほうが便利です。

JSPの編集サポート

　HTMLファイルやJavaクラスを編集するようにしていれば、ほぼ自動的にコード補完が行われるので、とくに意識することなく使い方がわかると思います。式言語の

$ { ～ }と#{ ～ }には、JSPの暗黙オブジェクトや<jsp:useBean>で宣言したオブジェクト、JSFやCDIの管理Beanが補完候補に上がります。

これらの暗黙的／明示的なオブジェクトのほかに、JSP内でコード補完の対象にしたいオブジェクトがあるなら、図9.11の操作でそのオブジェクトを宣言できます。些細な機能ですが、独自のフレームワークなどを用いている場合に役に立ちます。

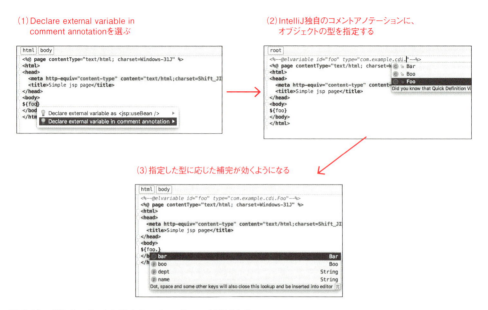

図9.11　JSPのコメントに独自のアノテーションを記述する

JSF/Faceletsの開発サポート

JSFもCDIと同じように条件（依存ライブラリが設定されていること）さえ満たせば、サポート機能が有効になります。JSFファセットもありますが、こちらもCDIファセット同様、設定が残りません。

リスト9.1のプロジェクトはすでにJSFを使う条件を満たしているので、JSFサポートが使える状態になっています。画面の右側にJSFツールウィンドウが出ていることでも、JSFサポート機能が有効になっていることを確認できます。

最近のJSFは**faces-config.xml**を必須としなくなりましたが、もし必要な場合は、Projectツールウィンドウのコンテキストメニューから**New | XML Configuration File | Faces Config**で作成できます（CDIと異なり、**faces-config.xml**がなくてもJSFサポートは有効です）。

JSF管理Beanのテンプレートはありませんが、JSFとFaceletsのテンプレートはOtherタブの「JavaServer Faces Configuration Files」に定義されています。JSFのバー

ジョンと **New | JSF/Facelets** のCreate JSF/Facelets pageダイアログの「Kind」に応じて、適用するテンプレートが決まります（図9.12）。

図9.12　Create JSF/Facelets pageダイアログ

NOTE　ついつい忘れがちになりますが、Facelets（xhtml）にはブレークポイントは置けません（JSPなら可能です）。

JPAの開発サポート

IntelliJ IDEAのJPAのサポート機能は、他のJava EE技術のサポート機能と比べると豊富にあります。それだけJPAに力を入れていることが伺い知れるのですが、JPAサポートを有効にするには若干のコツと手間が要ります。

NOTE　JPAサポートは壊れやすいので、何かヘンになったら、自分の設定よりIntelliJ IDEAのバグを疑いましょう。JPAに関する未解決のバグはこのURL[注12]でわかります。

persitence.xmlとJPAサポートの有効化

JPAサポートを有効化するにはJPAファセットの追加が必要です。JPAファセットには専用の設定画面があり、ここの **+** から`persistence.xml`や`orm.xml`を追加できます（`persistence.xml`や`orm.xml`のテンプレートはOtherタブのJPA→Deployment descriptorsに定義されています）。

`beans.xml`や`web.xml`と異なり、`persistence.xml`は省略できないので、JPAファセットを追加したなら、必ず`persistence.xml`も追加してください（図9.13）。これでJPAのサポート機能が有効になります。画面の左側にPersistenceツールウィンドウが追加されていることでも機能の有効化を確認できます。JPAに関する主なサポート機能は、このPersistenceツールウィンドウを介して行うことになります。

注12　https://youtrack.jetbrains.com/issues/IDEA?q=%23unresolved%20jpa

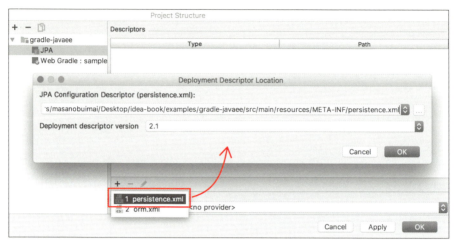

図 9.13　Project Structure ダイアログで persistence.xml を作成する

> **NOTE**　`persistence.xml` に限った話ではありませんが、ファセットの設定画面から設定 XML ファイルを作成すると、思いもよらない場所に作られることがあります。Project Structure ダイアログで設定 XML ファイルを作成するときは常に、どこに作ろうとするかに気を付けるようにしてください。

`persistences.xml` を作成したなら、プロジェクトで使う Persistence Unit を定義します。テンプレートから `persistences.xml` を作成した直後は、1 つも Persistence Unit が定義されていません。`persistences.xml` を直接編集して、任意の Persistence Unit を用意しましょう。

図 9.14 の手順で、Persistence ツールウィンドウから Persistence Unit を作成することもできますが、生成されるコードはたったの 1 行だけなので、エディタで直接記述したほうが早いです[注13]。

注13　**New | Persitence Unit** に対応するテンプレートはありません。

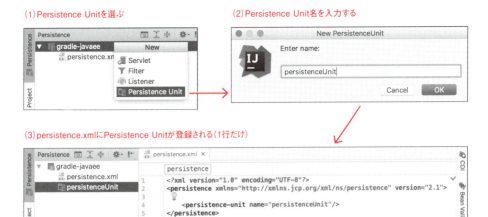

図9.14 Persistence ツールウィンドウから Persistence Unit を作成する

　参考までにPersistence Unitの記述例を載せます。リスト9.2はJNDIを参照する例で、リスト9.3はJDBCから直接参照する例です。JNDI名やJDBCドライバや接続文字列は適宜読み替えてください。

リスト9.2　Persistence Unit の記述例（JNDI）

```xml
<persistence-unit name="jndiPU" transaction-type="RESOURCE_LOCAL">
  <provider>org.eclipse.persistence.jpa.PersistenceProvider</provider>
  <non-jta-data-source>java:comp/env/jdbc/database</non-jta-data-source>
  <properties>
    <property name="eclipselink.logging.level" value="FINE"/>
    <property name="eclipselink.logging.parameters" value="true"/>
  </properties>
</persistence-unit>
```

リスト9.3　Persistence Unit の記述例（JDBC）

```xml
<persistence-unit name="directPU" transaction-type="RESOURCE_LOCAL">
  <provider>org.eclipse.persistence.jpa.PersistenceProvider</provider>
  <exclude-unlisted-classes>false</exclude-unlisted-classes>
  <properties>
    <property name="javax.persistence.jdbc.driver" value="org.apache.derby.jdbc.ClientDriver"/>
    <property name="javax.persistence.jdbc.url" value="jdbc:derby://localhost:1527/sample"/>
    <property name="javax.persistence.jdbc.user" value="app"/>
    <property name="javax.persistence.jdbc.password" value="app"/>
    <property name="eclipselink.logging.level" value="FINE"/>
    <property name="eclipselink.logging.parameters" value="true"/>
  </properties>
</persistence-unit>
```

　プロジェクトでJPAを使うだけなら、ここまでで準備完了です。「プロジェクトでIntelliJ IDEAのJPAサポート機能を使う」には、あともうひと手間あります。それは、

データソースと Persistence Unit のリンク付けです。ここで言う「データソース」とは「データベース支援機能のデータソース」のことで、具体的には Database ツールウィンドウに定義したデータソース[注14]を指します。

すでにデータソースは定義済みとして説明を続けます。JPAコンソール（後述）や、JPQLのコード補完を行うにはPersistence Unitを介して、対象となるデータベースに接続しなければなりません。PersistenceツールウィンドウのコンテキストメニューからAssign Data Sources...を選ぶと、図9.15のように、Persistence Unitごとにデータソースを割り当てられます。

図9.15 Persistence Unit にデータソースを割り当てる

最後に、JPAサポート機能を使う条件について補足しておきます。CDIやJSFと同じように、JPAを使う場合も依存ライブラリにJPAのAPIが含まれていることが重要です。しかしながら、JPAサポートではJPAコンソールのようにIntelliJ IDEA上でJPAを動かすため、他のJava EE機能より、この条件が厳しくなっています。

つまり、プロジェクト単体でJPAを実行する条件を満たしておく必要があります。表9.6は、その条件とリスト9.1の例がどう解決しているかをまとめたものです。

表9.6　JPAサポートの条件と本章のサンプルの解決例

条件	リスト9.1の対応箇所
JPAの実装があること	Java EEの実装付きライブラリ（`jboss-javaee-7.0`）を指定している
JPAプロバイダがあること	EclipseLinkを指定している[注15]

新規にJPAエンティティを作る

JPAエンティティといっても、実体はJavaBeansと大差ないので、通常のクラスを作るように作成していきます。

PersistenceツールウィンドウのコンテキストメニューからもJPAエンティティを作ることができますが、この方法でJPAエンティティを作成した場合、もれなく

注14　データソースについては、第7章の「7.2　データベースに接続する」（p.110）を参照してください。
注15　JPAプロバイダやJDBCドライバは実行環境（アプリケーションサーバ）に「ある」という前提なので、スコープをRuntimeに設定しています。

persistence.xmlの<class>要素も追加されます。これを邪魔だと思う方は、**New | Java Class**でJPAエンティティを手書きしてください。

既存のデータベースからJPAエンティティを作る

　JPAサポートの目玉機能に思えますが、その実力は低めに見積もっていたほうが良いです。メニューがわかりづらいところにあることからも「実は使ってほしくないのでは？」と深読みしたくなる機能ですが、特徴を把握しておけば、もしかしたら使い道があるかもしれません。

　Persistenceツールウィンドウのコンテキストメニューから**Generate Persistence Mapping | By Database Schema**を実行します。このとき、「Persistence Unit」を選んでいるとpersistence.xmlに<class>要素を追加するので、それを嫌う場合はモジュールを選択して実行してください。

　Import Database Schemaダイアログに、参照するデータベースや生成するJPAエンティティの情報を入力します。それぞれの入力項目については表9.7を参照してください。このダイアログはウィザードではないので、登録する情報はこの画面の分だけです（図9.16）。

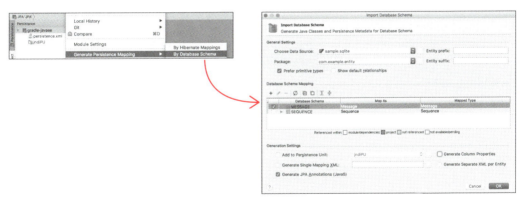

図9.16　データベースからJPAエンティティを生成する

表9.7　Import Database Schemaダイアログの入力項目

入力項目	意味
Choose Data Source	参照するデータソース
Package	生成するJPAエンティティのパッケージ
Entity prefix	生成するJPAエンティティの接頭子
Entity suffix	生成するJPAエンティティの接尾子
Prefer primitive types	ONにするとint、longなどのプリミティブ型を使う（OFFだとInteger、Longといったオブジェクト型を使う）
Show default relationships	ONにするとJPAエンティティ間にリレーションシップを設定する

入力項目	意味
Database Schema Mapping	テーブルの一覧から生成するJPAエンティティを指定する（行頭のチェックボックスをONにする。ツールバーの☑で全選択） 行頭の▶をクリックするとテーブルの内容（フィールドやリレーション）を展開する。 Maps AsやMapped Type列は編集可能で、JPAエンティティの名前や型を個別に指定できる
Add to Persistence Unit	ONにすると、JPAエンティティを追加するPersistence Unitを指定する（ここから新しいPersistence Unitを登録することもできる）
Generate Column Properties	ONにすると@Columnアノテーションのプロパティを可能な限り設定する
Generate Single Mapping XML	ONにするとマッピングXMLを生成する
Generate Separate XML per Entity	ONにすると、JPAエンティティごとにマッピングXMLを生成する
Generate JPA Annotations (Java5)	ONにするとJPAエンティティにアノテーションを加える

　生成されるJPAエンティティは図9.17の左側のようになります。**@Table**アノテーションに**schema**や**catalog**プロパティが付くので、邪魔なら削除してください。**@Id**や**@Basic**、**@Column**などのアノテーションは、フィールドではなくアクセサメソッドに付与されます。このJPAエンティティのテンプレートは存在しないので、気に入らなくても「こういうものだ」と思って受け入れましょう。

左:Import Database Schemaダイアログから生成したJPAエンティティ　　　右:自作したJPAエンティティ

図9.17　生成したJPAエンティティの例（右は手書き）

> **NOTE**
> 　メニューが**Generate Persistence Mapping**の近くにあるだけで、機能の関連性はあまりありませんが、JPAエンティティからJSFのCRUDアプリケーションを自動生成することもできます。
> 　使い方は簡単で、PersistenceツールウィンドウでPersistence UnitかJPAエンティティを選択して、コンテキストメニューから**Generate Faces Pages...**を実行するだけです。ただし、生成するビューがJSPだったり、JSF管理Beanのコードが妙に古臭かったりと、いまひとつお勧めできません。

JPAエンティティの編集サポート

　JPAエンティティの編集サポートは地味なものから派手なものまで多岐に渡ります。目に付きやすいところで言うとガーターアイコンが挙げられます。JPAエンティティクラスには■のガーターアイコンが付き、データベースとマッピングされたフィールドには⛁（主キー）、ⓐといったガーターアイコンが付きます。

　次に、@Tableや@ColumnアノテーションでCtrl + J（Ctrl + Q）**Quick Documentation** を実行すると、対応するテーブルの情報がポップアップします。

　ちょっとわかりづらい場所にありますが、実行すると派手に見える機能に、ER図の生成があります。この機能はPersistenceツールウィンドウからのみ実行できます。「Persistence Unit」を選ぶと、コンテキストメニューに**ER Diagram**が登場します。この機能で表示するER図は、対象がJPAエンティティなこと以外はDatabaseツールウィンドウのER図と変わりありません。このER図は編集可能で、コンテキストメニューから新しいJPAエンティティやアトリビュートを追加したり、JPAエンティティ同士の関連を作ることもできます（ツールバーの■でも関連を引けます）。

　最後にJPQLについてです。**EntityManager**の主要なメソッドはLanguage Injectionの対象になっており、SQLと同じようにJPQLもコード補完が効きます。さらに、JPAコンソールという機能もありますが、この機能は次の項で紹介します。

JPAコンソールを使う

　第7章で紹介したSQLコンソールのJPA版で、JPAコンソールという機能があります。JPAコンソールの開き方は、ソースコードのJPQL部分に対してOption + ↵（Alt + ↵）**Show Intention Action**→**Run query in console**を実行するか、Persistenceツールウィンドウのコンテキストメニューから**Console**を選ぶかのいずれかです（Persistenceツールウィンドウのタイトルバーにある■からも実行できます（図9.18））。

　JPAコンソールでできることは、SQLコンソールとほぼ変わりません。入力できるクエリはJPQLになるので、クエリの結果を受け取れるJPAエンティティがそろっていることが、JPAコンソールを使う条件になります。

　JPAコンソールならではのユニークな機能に、■ **Generate SQL** があります。これを用いることで、JPQLから実際に実行したSQLを確認できます。

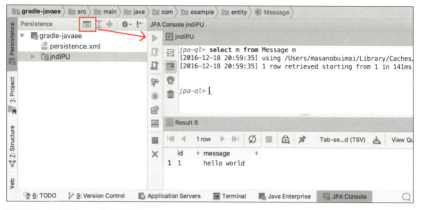

図 9.18　JPA コンソールの実行例

EJB の開発サポート

　　EJBのサポート機能を有効にするには、EJBファセットが必要です。プロジェクト内に**ejb-jar.xml**があれば自動検知してEJBファセットを設定しますが、**web.xml**と同じく、このファイルも省略できるので、その場合は明示的にEJBファセットを追加してください。なお、EJBファセットから**ejb-jar.xml**を作成することもできます（**ejb-jar.xml**のテンプレートはOtherタブのEJB→Deployment descriptorsにあります）。

　　EJBサポートが有効になったかどうかの目安に、「（画面左下に）EJBツールウィンドウがあるかどうか」が使えます。こちらもWebツールウィンドウのように、EJBに特化したツールウィンドウです（図9.19）。

　　EJBの作成は、EJBツールウィンドウやProjectツールウィンドウ上で**New**サブメニューから作成したいEJBを指定します。意外かもしれませんが、今でもJ2EEをサポートしており、EJBのテンプレートはOtherタブのEJB→Java code templetesに定義されています。

　　NewサブメニューからEJBを作成した場合、その命名規則はPreferencesダイアログのEditor→Code Style→JavaのJava EE Namesタブの設定に従います。

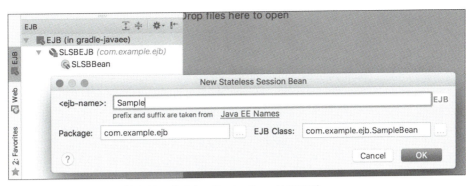

図 9.19　EJB ツールウィンドウと New Stateless Session Bean ダイアログ

Web サービス（JAX-WS/JAX-RS）の開発サポート

　IntelliJ IDEA の Web サービス・サポートは JAX-WS（SOAP）と JAX-RS（REST）と別々に有効／無効を設定できます。他の Java EE のサポート機能と同じく、該当する API が依存ライブラリに設定されていることが必須条件で、あとは Web サービスの用途に応じて、Project Structure ダイアログにファセットを設定します。

　ただし、Web サービス・サポートは他の Java EE 機能の中でも手厚くありません。むしろおざなりな感じもします。ライブラリさえ設定されていれば、ファセットを設定しなくても Web サービスの開発は始められるので、IntelliJ IDEA のサポートはアテにせずに開発することをお勧めします。

　Web サービス・サポートが有効になると、**New** サブメニューに、JAX-WS のサービスを作成する「WebService Client」や JAX-RS のサービスやクライアントを作成する「RESTfull Web Service」「RESTfull Web Service Client」が登場します。しかし、行儀の良いコードを生成しないので、むしろ普通の Java クラスを作成して `@WebService` や `@Path` を直接記述していったほうが効率的です[注16]。

　Web サービスの開発でもっとも役に立つのは Java Enterprise ツールウィンドウでしょう。トップの階層に「Web Services」や「RESTfull WS」というカテゴリが追加されて、それぞれ JAX-WS と JAX-RS のサービスを閲覧できます（図9.20）。とくに JAX-RS は、サービスの URI が確認できるのが便利です（Web サービス・サポートが有効になっても、Web サービス専用のツールウィンドウは登場しません）。

注16　「RESTfull Web Service」のみテンプレートがあります（Other タブの restwebservices）。

図 9.20　Java Enterprise ツールウィンドウから Web サービスを確認する

> **COLUMN　REST Client ツールウィンドウ**
>
> あまりお勧めポイントがない Web サービス・サポートですが、その中でも便利な機能を挙げるとすれば **Tools** メニューの **Test RESTful Web Service** で出てくる REST Client ツールウィンドウでしょう（図 9.21）。

図 9.21　JAX-RS と REST Client ツールウィンドウの例

10.1 Spring プロジェクト

第10章 いろいろなプロジェクトで開発する

10.1 Spring プロジェクト Ultimate

　最近ではJava EEサポートより力を入れている感があるSpringサポートですが、こちらはこちらでSpringの進化が速いため、それに追い付けていないところが見受けられます。それでも「今できない」ことも「いつの間にかできる」ようになることが多々あるので、公式ブログ[注1]をチェックするようにしましょう。

　IntelliJ IDEAのSpringプロジェクトには、IntelliJ IDEAネイティブ形式と、Spring Initializrを使って作成する方法の2通りがあります。後者はMavenプロジェクトかGradleプロジェクトになります。

ネイティブ形式の Spring プロジェクト

　New Projectウィザードで「Spring」を選択して作成します（図10.1）。「Additional Libraries and Frameworks」の一覧から、プロジェクトで使いたいSpringのライブラリを指定します。それぞれ使用するライブラリをダウンロードしてくるか、既存のライブラリを使用するかを選択できます。ダウンロードする場合は、JetBrainsのサイトからダウンロードしてくるので、指定できるバージョンはそのときのIntelliJ IDEAのバージョンに依存します。

　「Spring」を選択したときのみ spring-config.xml を作成するかどうかの設定（Create empty spring-config.xml）があります。それ以外は、どのライブラリを使うかを設定するだけです。

注1　https://blog.jetbrains.com/idea/tag/spring/

193

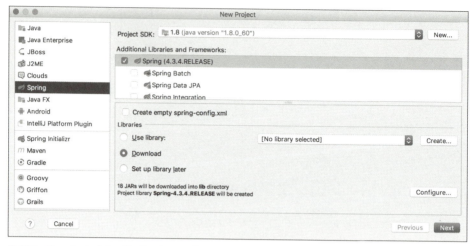

図10.1 New ProjectウィザードでSpringプロジェクトを作る

Spring Initializrで作成するプロジェクト

　New Projectウィザードの「Spring Initializr」を選ぶと、Spring Bootのプロジェクトを作成できます。名前のとおりSpring Initializr[注2]のフロントエンドとなるので、インターネットに接続していることが必須条件です。

　「Spring Initializr」を選択した場合、New Projectウィザードは図10.2のような流れで進みます。**(2)** から **(3)** は実際のSpring Initializrで指定するのと同じ項目を指定します。**(4)** でプロジェクトの名前と場所を指定すると、そこにSpring Initializrが生成したプロジェクトが展開され、**(2)** のType（MavenかGradle）に応じたプロジェクトのインポートが始まります。

　(2) で指定するTypeの意味は表10.1のとおりです。「Maven Project」か「Gradle Project」のいずれかを指定するのが無難です。

表10.1 Spring Initializrで指定するプロジェクトのタイプ

タイプ(Type)	意味
Maven Project	Maven形式のプロジェクトとして`pom.xml`とサンプルコードを生成する
Maven POM	Maven形式のプロジェクトとして`pom.xml`だけを生成する
Gradle Project	Gradle形式のプロジェクトとして`build.gradle`とサンプルコードを生成する
Gradle Config	Gradle形式のプロジェクトとして`build.gradle`だけを生成する

注2　https://start.spring.io/

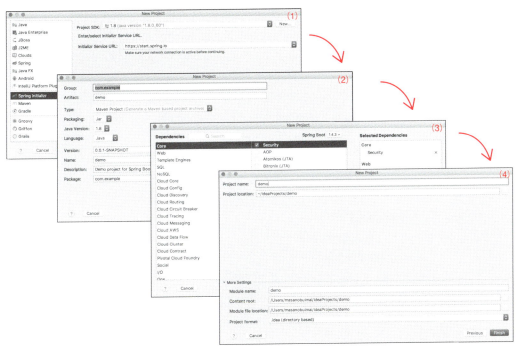

図 10.2　Spring Initializr の流れ

Spring プロジェクトの特徴

　プロジェクト内でSpringを利用しているModuleがあると、画面下にSpringツールウィンドウが現れます。このツールウィンドウの有無で、Springサポートが有効なのかどうかがわかります。

　Springサポートは、Project StructureダイアログにSpringファセットを設定することで有効になります。このファセットで、Springの設定ファイルを指定します。設定ファイルとは、`application-context.xml`や`AppConfig.java`のような設定ファイルや設定クラス、@Configurationを付与したクラスなどさまざまです。ファセット設定画面の**+**を押せば、プロジェクトの構成物から登録できる設定ファイルを探索して提示されるので、そう悩むことはありません。

> NOTE
> 　Project StructureダイアログのSpringファセットの画面から、Springの設定ファイルを作成する機能はありません。Projectツールウィンドウからなら、テンプレートからSpring設定ファイルを作れます。

第10章　いろいろなプロジェクトで開発する

IntelliJ IDEAのSpringサポートが提供する機能は、おおよそ次の3つです。

- **Springツールウィンドウ**

  Springプロジェクトでは画面下にSpringツールウィンドウが表示されます。Java EEプロジェクトのCDIツールウィンドウに近い機能を提供しますが、こちらはCDIツールウィンドウのようにツリー展開していくのではなく、Java Enterpriseツールウィンドウのようにカラムが展開していくUIになっています。

  MVCタブには、WebツールウィンドウのようにSpring MVCのエンドポイントが表示されます。ただし、Spring Boot対応が完全ではないため、Spring BootでSpring MVCのコントローラを作っても、このタブには認識されません（IDEA 2016.3で確認）[注3]。

- **設定ファイルの編集サポート**

  Projectツールウィンドウ上で、**New | XML Configuration Files | Spring Config**を実行すると`applicationContext.xml`を作成できます。設定ファイルの編集は、普通のXMLファイルだけではなく、Springの設定ファイルとしてのコード補完が効くようになります。さらに**Code**メニューの**Generate**（Command+N（Alt+Insert））でXML要素のひな形も生成します。

  設定ファイルにプロファイルの指定があると、それを判断してアクティブなプロファイルを指定できます（図10.3）。IntelliJ IDEAのエディタや検索機能が行うSpring Beanの依存関係の解決は、アクティブになっているプロファイルを基準に行います。

  設定ファイルのガーターエリアには、いくつかのガーターアイコンが付き、それをクリックすることでSpring Beanそのものや、そのインジェクション先、別の設定ファイルなど目的に応じた先にジャンプします[注4]。設定ファイルで定義したSpring Beanは、**Navigate**メニューの**Related Symbol...**（Command+Ctrl+↑（Ctrl+Alt+Home））で探すこともできます。

  ガーターアイコンの[アイコン]をクリックするか、Projectツールウィンドウやエディタ上のコンテキストメニューから**Diagrams | Show Diagram...**（もしくは**Show Diagram Popup...**）を実行したときに、Select Diagram Typeポップアップで「Spring」や「Spring Model Dependencies」を選ぶと、Springの依存関係をグラフとして可視化することができます。

注3　チケットは登録済みで、IDEA 2017.xには解消する予定のようです。
　　　https://youtrack.jetbrains.com/issue/IDEA-121038
注4　ガーターアイコンの種類は、PreferencesダイアログのEditor→General→Gutter Iconsで確認できます。

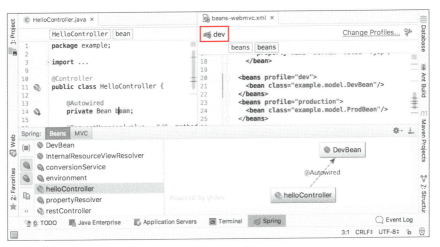

図 10.3 プロファイルを切り替えると、依存関係もそれに従う

- **Spring Beanの編集サポート**

 エディタでSpringの管理オブジェクト（Spring Bean）を編集していると、いくつかのサポート機能が有効になります。コード補完やインスペクションは、こちらがとくに意識しなくてもIDE側から能動的に候補や警告が上がるので、その機能の存在にすぐ気がつくでしょう。

 わずかではありますがSpringに関するインテンションもあります。インテンションはおもにSpringの設定ファイル（XMLファイル）に対して反応するので、どのようなときに💡が表示されるかを観察してみると良いです（インスペクションやインテンションの項目は、Preferencesダイアログのそれぞれの設定画面でSpringカテゴリを調べると全貌がわかります）。

 見落としがちですが、Spring Bean編集中に **Code** メニューの **Generate** ⌘+N（Alt＋Insert）を実行すると、Spring Beanにちなんだ生成用サブメニューが登場します（表10.2）。

表 10.2 **Generate** の Spring 用メニュー

メニュー名	意味
Spring Setter Dependency...	セッターインジェクション用のセッターを作成する
Spring Constructor Dependency...	コンストラクタインジェクション用のコンストラクタを作成する
@Autowire Dependency...	@Autowire用のフィールドを生成する

 今のところSpringサポートは、Spring Boot以前のSpringプロジェクト（設定ファイル主体）を得意としており、Spring Bootで主流になってきているアノテーション主体の設定にはまだ追いついていません。そのため、Spring Bootを使ったプロジェクトでは、ここで示したサポート機能が十分に活用できません。時間が解決する問題なので、気長に待ちましょう。

Spring Boot プロジェクトを作る

図10.2の **(2)** はすべてデフォルトとし、**(3)** のDependenciesで図10.4に示すライブラリ（DevTools、Lombok、Web）を指定して作成したプロジェクトを例に説明を続けます。

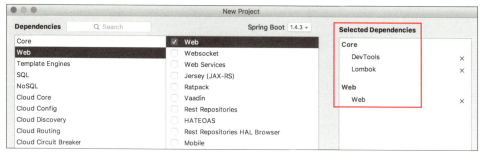

図 10.4　Dependencies の指定例

プロジェクトの作成が終わると、次の内容が設定済みになっています（図10.5）。

- DemoApplicationがSpringファセットに設定済み
- 実行構成にSpring Bootアプリケーションが設定済み

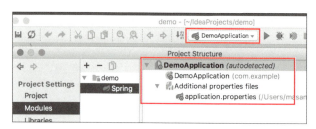

図 10.5　作成した Spring Boot プロジェクト

　Spring Initializrで作成したプロジェクトはMavenかGradleのプロジェクトなので、あとからSpringのライブラリを追加したくなった場合は、Project Structureダイアログではなくビルドスクリプト（`pom.xml`や`build.gradle`）を編集してください。またビルドスクリプトの編集が終わったなら、その結果をIntelliJ IDEAと同期させることをお忘れなく。同期方法は、ビルドツールごとに異なります[注5]。

- **Mavenの場合**：Maven Projectsツールウィンドウの **Reimport All Maven Project**を実行する

注5　ビルドスクリプトの自動インポートが有効になっている場合は、手動での同期は不要です。

- **Gradleの場合**：Gradleツールウィンドウの🔄**Refresh all Gradle projects**を実行する

Spring Boot プロジェクトで開発する

ここではSpring Bootプロジェクトならではの特徴的な機能を紹介します。

DevToolsでライブラリの自動ロードを行う

　Spring Initializrで「Core / DevTools」を選択していれば、アプリケーション実行時にライブラリの自動ロードが有効になります。アプリケーション実行中にソースコードを修正しても、**Build**メニューの**Build Project**　Command + F9 （Ctrl + F9 ）でコンパイルしなおせば、その結果が実行中のアプリケーションに反映されます。

　なお、第4章の「コンパイルエラー」（p.61）で紹介した自動コンパイルは、アプリケーション実行中は無効になるためDevToolsとの相性が悪いです。ちょっとした裏技ですが、次の操作でオプションを設定するとアプリケーション実行中も自動コンパイルが有効になります（図10.6）。

1. **Find Action...**で**Registry...**を実行
2. Registryダイアログの`compiler.automake.allow.when.app.running`をONにして再起動する

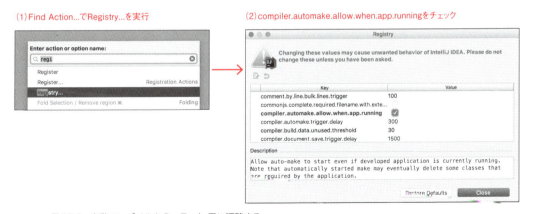

図10.6　自動コンパイルを DevTools 用に調整する

Lombokを有効にする

　Lombok[注6]は、専用のアノテーションを付けるだけで、setter／getterのようなお決まりのコードを自動生成してくれるライブラリです。一定の人気があり、Spring Initializrのオプションでも選択できるライブラリです。

注6　https://projectlombok.org/

LombokはAnotation Processorとして、コンパイル時にコードを自動生成するのですが、IntelliJ IDEAでLombokを使うにはAnotation Processorの設定のほかに、専用のLombokプラグイン[注7]を必要とします。

IntelliJ IDEAでLombokを使うための手順は次のとおりです。

1. Lombokプラグインをインストールしておく
2. 対象となるプロジェクトを開く
3. PreferencesダイアログのOther Settings→Lombok pluginで、**Enable Lombok plugin for this project**をONにする
4. PreferencesダイアログのBuild, Execution, Deployment→Compiler→Annotation Processorsで、**Enable annotation processing**をONにする

Spring Boot Dashboardを有効にする

Run/Debug Configurationsダイアログで「Spring Boot」を選ぶと、Spring Boot Settings欄に「Show in Run Dashboard」のオプションがあります。このオプションをONにして、Spring Bootアプリケーションを実行すると、Runツールウィンドウの代わりにRun Dashboardツールウィンドウが表示されます（図10.7。この機能はIntelliJ IDEA 2017.2.2から提供されています）。

Dashboardでは、そのプロジェクトで扱っているすべてのSpring Bootアプリケーションを操作できるので、プロジェクトの構成によっては普通のRunツールウィンドウを使うよりも便利です。

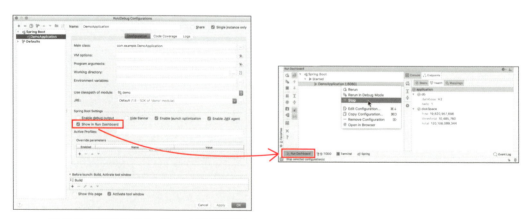

図10.7　Spring Boot Dashboardを有効にする

注7　https://plugins.jetbrains.com/plugin/6317
Lombokプラグインは JetBrains 公式ではなく、個人が開発しているプラグインです。2012年に登場してからも頻繁にバージョンアップを続けていますが、プラグインそのものの品質については各自で判断して使うようにしてください（せっかくのOSSなので、何か不備や不満点があったら、パッチを送るのも良いでしょう）。

10.2 Java VMベースの開発言語を使う

Groovy を使う

IntelliJ IDEAはどのエディションでもGroovyを標準でサポートしているので、Groovyを使うのに別途プラグインのインストールは不要です。ただしGroovy SDKが用意されているわけではないので、プロジェクトでGroovyを使うには別途Groovy SDKを必要とします（Groovy SDKをダウンロードする機能はありません）。

Groovyサポートは標準機能であるため、たいていのことはヘルプに記載されています。詳しくはヘルプを参照してもらうとして、ここではGroovyを使ううえでの取っかかりになる部分に絞って紹介します（ヘルプ以外にも公式ブログの記事[注8]が参考になります）。

Project StructureダイアログでGroovyファセットを設定するとGroovyが有効になります（やっていることはGroovy SDKを依存ライブラリに追加しているだけです。登録したGroovy SDKは、Global Librariesに保存されます）。

Groovyは専用のModuleを持たず、Java Moduleに相乗りします。JavaのコードとGroovyのコードはお互い参照し合うことができます。IntelliJ IDEAのプロジェクト管理の仕組み上、ソースディレクトリをJava用やGroovy用と区別することはできないので、ソースディレクトリを分離して管理するかどうかはユーザの采配に委ねられます。

Groovyが有効になるとProjectツールウィンドウやナビゲーションバー上で**New** を実行すると、サブメニューにGroovyに関する項目が現れます（ソースディレクトリ内なら **Groovy Class** が、ソースディレクトリ外なら **Groovy Script** が選択できます）。

また、**Refactor** メニューの **Convert to Java** で、GroovyからJavaに変換できるようになります（逆に、JavaからGroovyはできません）。

Groovyの実行方法は、Javaと大差ありません。Groovyスクリプトや、mainメソッドを持つGroovyクラス、GroovyTestなど実行可能なGroovyファイルに対して、**Run** や **Debug** を実行すれば、それぞれ適切な実行構成が割り当てられます。

実行構成以外のGroovyの実行手段に、**Tools** メニューにある **Groovy Console...** と **Groovy Shell...** があります（図10.8）。これらはGroovyのREPL環境で、それぞれがGroovy付属の`groovyConsole`、`groovysh`に相当します。

注8　https://blog.jetbrains.com/idea/tag/groovy/

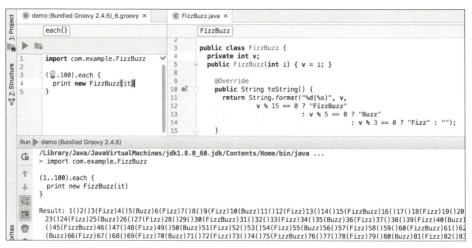

図10.8　Groovy Consoleの実行例

PreferencesダイアログにあるGroovy関連の設定は表10.3のとおりです。

表10.3　PreferencesダイアログのGroovyに関する設定

設定カテゴリ	説明
Editor→Color Scheme→Groovy	Groovyのシンタックスハイライト
Editor→Code Style→Groovy	Groovyのコードスタイル
Editor→Inspections	Gradle、Groovyに関するインスペクション
Editor→File and Code Templates	Newで作成するクラスやスクリプトのテンプレート（おもにOtherタブに集中している）
Editor→Live Templates	GroovyやGSPで使うライブテンプレート
Editor→Copyright→Formatting→Groovy	GroovyでのCopyrightコメント
Editor→Intentions	GroovyやGrails[注9]のインテンション
Build, Execution, Deployment→Build Tools→Gradle	Gradleに関する設定
Build, Execution, Deployment→Build Tools→Gant	Gant[注10]に関する設定
Build, Execution, Deployment→Compiler→Groovy Compiler	Groovyに関するコンパイラの設定
Build, Execution, Deployment→Debugger→Stepping	デバッガのステップ実行に関する設定
Build, Execution, Deployment→Debugger→HotSwap	デバッガのホットスワップに関する設定

注9　https://grails.org/
注10　https://gant.github.io/

Kotlin を使う

Kotlin[注11] も Groovy 同様、IntelliJ IDEA が標準でサポートしている言語です。Groovy と異なり、プラグインサイトでも Kotin プラグインが提供されています。これは Kotlin 言語自身もバージョンアップを頻繁に繰り返しているため、新機能のキャッチアップが遅れるのを防ぐためなのでしょう。

> **NOTE** Kotlin プラグインがバンドルしているのに、プラグインサイトから Kotlin プラグインをダウンロードすると、プラグインサイトからインストールしたほうの Kotlin プラグインが優先されます。

ここでは Groovy と同じく、Kotlin を使ううえでの取っかかりになる部分に絞って紹介します（Kotlin もヘルプのほかに、公式ブログの記事[注12] も参考になります）。

Kotlin は、プラグインの中に SDK をバンドルしているので、別途 SDK を用意しなくてもすぐ利用できます。Project Structure ダイアログで Kotlin ファセットを追加することで有効になりますが、Groovy と同じく依存ライブラリを設定するだけです。

言語のシンタックスが異なるだけで、IntelliJ IDEA が提供する機能は Groovy と大差ありません。Groovy 同様、Project ツールウィンドウやナビゲーションバー上で **New | Kotlin File/Class** で Kotlin ファイルを作成できます。

Groovy と異なり、Java から Kotlin に変換する機能があります。たとえば、Java ファイルを選択した状態で **Code** メニューの **Convert Java File to Kotlin File** を実行すると、そのファイルが Kotlin に変換されます。または、Java のコード片をクリップボードにコピーして、Kotlin ファイル上でペーストすると図 10.9 ように「Kotlin に変換してペーストするか？」と問い合わせてきます。

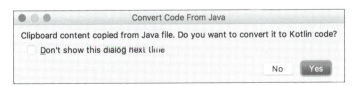

図 10.9　Convert Code From Java ダイアログ

この Java → Kotlin 変換機能は、Preferences ダイアログの Editor → General → Smart Keys の **Convert pasted Java code to Kotlin** で ON ／ OFF できます。もし、うっ

注11　https://kotlinlang.org/
注12　https://blog.jetbrains.com/kotlin/

かりConvert Code From Javaダイアログの「Don't show this dialog next time」をチェックしてしまった場合も、ここの設定（Don't show Java to Kotlin conversion dialog on paste）でダイアログを復活できます。Smart KeysはProject Settings（📄）ではないので、この設定は他のプロジェクトにも影響します。

　一見すると、KotlinからJavaに変換する機能がないように見えますが、**Tools**メニューに**Kotlin | Decompile Kotlin To Java**という機能があります。実行方法が若干特殊で、出力ディレクトリにあるKotlinファイルから生成したクラスファイルに対して機能を実行します。

　Kotlinの実行方法もJavaやGroovyと同じく、実行可能なKotlinファイルに対して、**Run**や**Debug**を実行します。また、KotlinにもREPL環境があり、**Tools**メニューの**Kotlin | Kotlin REPL**で実行できます（図10.10）。

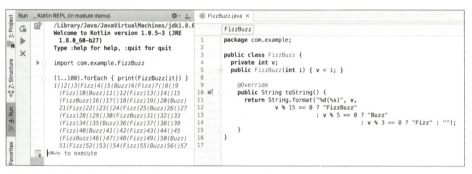

図10.10　Kotlin REPLの例（※ワザとRunツールウィンドウを横に置いています）

　PreferencesダイアログにあるKotlin関連の設定は表10.4のとおりです。

表10.4　PreferencesダイアログのKotlinに関する設定

設定カテゴリ	説明
Editor→Color Scheme→Kotlin	Kotlinのシンタックスハイライト
Editor→Code Style→Kotlin	Kotlinのコードスタイル
Editor→General→Postfix Completion	KotlinのPostfix Completionの補完キーワード
Editor→Inspections	Kotlin用Android LintやKotinに関するインスペクション（Springの中にもKotlin関連のインスペクションがある）
Editor→File and Code Templates	**New**で作成するクラスなどのテンプレート（Filesタブに集中している）
Editor→Live Templates	Kotlinのライブテンプレート
Editor→Copyright→Formatting→Kotlin	KotlinでのCopyrightコメント
Editor→Intentions	KotlinやKotlin Androidのインテンション
Build, Execution, Deployment→Compiler→Kotlin Compiler	Kotlinに関するコンパイラの設定

設定カテゴリ	説明
Build, Execution, Deployment→ Debugger→Data Views→Kotlin	デバッガのウォッチビューの設定

Scala を使う

Scala[注13]はGroovyやKotlinと異なり、初期状態ではサポートしていないので、別途Scalaプラグイン[注14]が必要になります。

> **NOTE**　ScalaプラグインがIntelliJ IDEA本体にバンドルしていなくても、ヘルプにはScala に関する記述があります。使い方に悩む場合は、まずヘルプを参照しましょう。こちらも Groovy、Kotlinと同じく、公式ブログ[注15]の記事が役に立ちます。

やっていることはGroovy、Kotlinと同じで、Project StructureダイアログにScalaファセットを追加して、該当Moduleの依存ライブラリにScala SDKを設定するだけです。Scala SDKがなければダウンロードしてくれる点で、他より優れています。ただし、内部的にSBT[注16]を呼び出すので、プロキシ内にいるときはこの機能は使えないものと思ってください（IntelliJ IDEAプロキシ設定はSBTに引き継がれません）。

既存のプロジェクトにScalaファセットを追加するほかに、New ProjectウィザードでSBTやActivator[注17]などのビルドツールを指定して、Scalaプロジェクトを作成することもできます。

Scalaが有効になると**New**サブメニューから**Scala Class**、**Package Object**や**Scala Worksheet**、**Scala Script**が選べるようになります。サブメニューの内容は**New**を実行したときのコンテキスト（ソースディレクトリ内か外か）に依存します。

Kotlinと同じく、JavaをScalaに変換する機能があります。Javaファイル全体を変換するには、**Refactor**メニューの**Convert to Scala**を実行します。

JavaのコードピをScalaファイルにペーストすると「それをScalaに変換するか？」と聞いてきます（図10.11）。このあたりもKotlinと同じですが、この変換機能はPreferencesダイアログのLanguages ＆ Frameworks→Scalaの**Convert Java code to Scala on copy-paste**でON／OFFできます。この設定はKotlinと異なり、プロジェクトごとに設定が保存されます。

注13　http://www.scala-lang.org/
注14　https://plugins.jetbrains.com/plugin/1347
注15　https://blog.jetbrains.com/kotlin/
注16　http://www.scala-sbt.org/
注17　https://www.lightbend.com/community/core-tools/activator-and-sbt

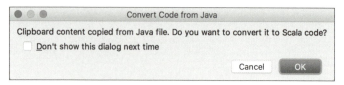

図 10.11　Convert Code from Java ダイアログ

　ScalaクラスやスクリプトのЗ実行方法やREPLも、GroovyやKotlinと大差ありません。REPLは **Tools** メニューの **Run Scala Console...** で起動しますが、Projectツールウィンドウやエディタで、Scalaファイルを選んでないとメニューに出てこないので注意してください（図10.12）。

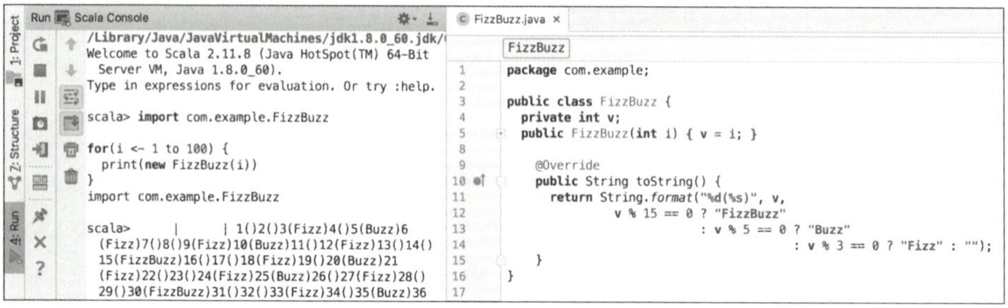

※図10.12のスクリーンショット

図 10.12　Scala Console の例（※ワザと Run ツールウィンドウを横に置いています）

　ちょっと風変わりなREPLとしてScala Worksheetがあります。Scala Worksheetは **New** サブメニューで作成するファイル（***.sc**）で、***.sc**ファイルに記述したScalaコードが即時評価されていくのが特徴です。

　Scalaプラグイン固有の特徴として、ステータスバーに**［T］**というマークが付きます。このマークはクリックでON／OFFでき、ONの状態だと暗黙の型変換（implicit conversion）を行っている箇所をハイライト表示します。ハイライトといっても灰色の下線がつくだけなので、あまり目立ちません（図10.13）。より目立つようにしたければ、PreferencesダイアログのEditor→Color Scheme→Scalaで **Implicit conversion** のスタイルを変更してください。

図 10.13　implicit conversion が効いている部分に下線が付く

Preferences ダイアログにある Scala 関連の設定は表 10.5 のとおりです。

表 10.5　Preferences ダイアログの Scala に関する設定

設定カテゴリ	説明
Editor→Color Scheme	Scala や HOCON[注18] のシンタックスハイライト
Editor→Code Style	Scala や HOCON のコードスタイル
Editor→General→Postfix Completion	Scala の Postfix Completion の補完キーワード
Editor→Inspections	Scala に関するインスペクション（Scala General というカテゴリもある）
Editor→File and Code Templates	New で作成するクラスなどのテンプレート（Files タブに集中している）
Editor→Live Templates	Scala のライブテンプレート
Editor→Copyright→Formatting→Scala	Scala での Copyright コメント
Editor→Intentions	Scala でのインテンション
Build, Execution, Deployment→Build Tools→SBT	SBT に関する設定
Build, Execution, Deployment→Compiler→Scala Compiler	Scala に関するコンパイラの設定
Languages & Frameworks→Scala	Scala プラグインの設定（エディタの支援機能、パフォーマンスなど）
Languages & Frameworks→Scala Compile Server	Scala のコンパイルサーバの設定
Other Settings→HOCON	HOCON の設定

10.3　さまざまな開発言語を使う　Ultimate

JetBrains のほかの IDE に近づける

Ultimate Edition に限った話ですが、プラグインを追加することにより WebStorm[注19]（HTML ／ JavaScript）、PhpStorm[注20]（PHP）、RubyMine[注21]（Ruby ／ Ruby on Rails）、PyCharm[注22]（Python）といった他言語用 IDE に相当する機能を持たせることができます（Ultimate Edition は標準で HTML、JavaScript をサポートしていますが、WebStorm 互換と呼ぶにはいくつかのプラグインが不足しています）。

表 10.6 は、IntelliJ IDEA2017.2.1 Ultimate Edition にはバンドルされておらず、他の IDE にはバンドルされているプラグインの一覧です。Ultimate Edition を PhpStorm や RubyMine などの他言語用 IDE と同等にするには、これらのプラグインを別途インス

注18　https://github.com/typesafehub/config/blob/master/HOCON.md
注19　https://www.jetbrains.com/webstorm/
注20　https://www.jetbrains.com/phpstorm/
注21　https://www.jetbrains.com/ruby/
注22　https://www.jetbrains.com/pycharm/

第10章　いろいろなプロジェクトで開発する

トールしなければなりません。

　JetBrains IDEは、このほかにも AppCode[注23] （Objective-C ／ Swift）、CLion[注24] （C ／ C++）、Rider[注25] （C#）がありますが、Ultimate Edition には、これらの言語をサポートするプラグインはありません[注26]。

> **NOTE**
> このほかにも Perl[注27]、Erlang[注28] などさまざまな言語系プラグインがありますが、いずれも JetBrains 製ではないサードパーティー製のプラグインなので、ここでは取り上げません。紛らわしいですが、C/C++ プラグイン[注29] もサードパーティー製で、CLion とはまったく関係がありません。

表10.6　IntelliJ IDEA2017.2.1 にはなく、他の IDE にバンドルされているプラグインの一覧

ID[注30]	プラグイン	WebStorm 2017.2.1	PhpStorm 2017.2.1	RubyMine 2017.2.1	PyCharm 2017.2
6834	Apache config(.htaccess) support		○		
7512	Behat Support		○		
7569	Blade Support		○		
9515	Codeception Framework		○		
6630	Command Line Tool Support		○		
7418	Cucumber.js	○			
6351	Dart	○			
7724	Docker Integration	○	○		○
7352	Drupal Support		○		
7296	EJS	○			
7177	File Watchers	○	○		○
7123	GNU GetText files support (*.po)		○		○
7239	Google App Engine Support for PHP		○		
6884	Handlebars/Mustachei	○			
6981	Ini4Idea		○		○
7287	Karma	○			
7007	LiveEdit	○			
7549	Meteor	○			
8116	Node.js Remote Interpreter	○			

注23　https://www.jetbrains.com/objc/
注24　https://www.jetbrains.com/clion/
注25　https://www.jetbrains.com/rider/
注26　2017年10月時点で開発中のGogland(Go) は、IntelliJ IDEAにもプラグインを提供する予定です。
　　　https://www.jetbrains.com/go/
注27　http://plugins.jetbrains.com/plugin/7796
注28　http://plugins.jetbrains.com/plugin/7083
注29　http://plugins.jetbrains.com/plugin/1373
注30　この値をhttp://plugins.jetbrains.com/plugin/<ID>の<ID>に置き換えると、該当プラグインのURLになります。

208

10.3 さまざまな開発言語を使う

ID	プラグイン	WebStorm 2017.2.1	PhpStorm 2017.2.1	RubyMine 2017.2.1	PyCharm 2017.2
6098	NodeJS	○	○		
6631	Phing Support		○		
7436	PhoneGap/Cordova Plugin	○			
6610	PHP		○		
8595	PHP Docker		○		
7511	PHP Remote Interpreter		○		
9289	PHPSpec BDD Framework		○		
7312	Polymer & Web Components	○			
7094	Pug(ex-Jade)	○			
7180	Puppet Support			○	○
631	Python				○
7124	ReStructuredText Support		○		○
1293	Ruby			○	
7128	Slim			○	
7221	TextMate bundles support	○	○	○	○
7303	Twig Support		○		
7379	Vagrant	○	○	○	○
9442	Vue.js	○			
7434	WordPress Support		○		
7987	Yeoman	○			

WebStorm のように HTML や JavaScript を使う

　New Project ウィザードで作成する Static Web プロジェクトは HTML や JavaScript、CSSに特化したプロジェクトで、WebStormで作成したプロジェクトに相当します。

> **NOTE** IntelliJ IDEA Ultimate Edition は標準で Web サポートをしています。この節で紹介する機能は、表10.6のプラグインを入れなくても動きます。

　Static Web プロジェクトは、Project Structure ダイアログの Modules に Sources の設定しかないのが特徴です。Project には「Project SDK」や「Project language level」と、Javaを思わせる設定が残っていますが、Static Web の Module にはいっさい影響しないので、そのままで問題ありません。ただ「Project SDK」が<No SDK>のままだと文句を言ってくるので、何か適当な JDK を割り当てておきましょう。このプロジェクトはWeb（HTMLやCSS ／ JavaScript）に限らず「当たり障りのないプロジェクト」として活用で

きます[注31]。

　Project Structureダイアログの設定はほとんどありませんが、代わりにPreferencesダイアログでプロジェクトの主な設定を行います。たとえば、JavaScriptの設定はPreferencesダイアログのLanguages & Frameworks→JavaScriptで行います（図10.14）。JavaScriptの言語レベルはここの**JavaScript language version**に、使用するライブラリはもう一段下のLanguages & Frameworks→JavaScript→Librariesに設定します。いずれの設定もProject Settingsに該当するので、Moduleごとに設定を変えることはできません。

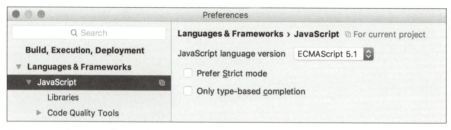

図10.14　PreferencesダイアログのJavaScript設定画面

> **NOTE**　Webに関する設定をPreferencesダイアログで行うのは、Project StructureダイアログがないWebStormとの互換性を保つためなのでしょう。

　HTMLやCSS／JavaScriptを編集してみるだけでそのサポート機能の強力さに気付くので、ここでは存在が気付きづらいWebサポート機能を紹介します。

組込みWebサーバ

　IntelliJ IDEA内にWebサーバが動いています。HTMLファイルを編集しているときに**View**メニューの**Open in Browser**か、エディタ右上にポップアップするブラウザアイコンをクリックすると、そのHTMLファイルを組込みWebサーバ経由で開きます[注32]（図10.15）。組込みWebサーバ経由のURLは半固定で、ポート番号（63342）やコンテキストルート（プロジェクト名[注33]）を変更することはできません。

注31　たとえば、Markdownで原稿を書くためのプロジェクトなどです。
注32　組込みWebサーバはStatic Webプロジェクトに限らず、すべてのプロジェクトで有効です。
注33　<PROJECT_HOME>と<MODULE_HOME>が異なる場合、コンテキストルートは「/<project_name>/<module_name>/」となります。

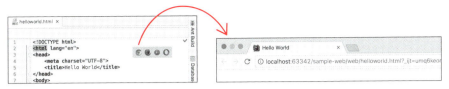

図 10.15　組込み Web サーバ経由で HTML ファイルを表示する

組込みWebサーバ経由ではなく、直接HTMLファイルをブラウザで開きたい場合は、**Open in Browser**やブラウザアイコンを、Shiftを押しながら実行してください。

ChromeやFirefoxでJavaScriptをデバッグ

最近のWebブラウザはJavaScriptのデバッガを持っているので、わざわざIDEからデバッグする必要もないのですが、IDEとシームレスに、かつ使い慣れたユーザインターフェースでデバッグできるのは、それなりに便利です。ただ、IntelliJ IDEAからJavaScriptをデバッグするには、WebブラウザはChromeかFirefoxのどちらかに限られます。

第3章の「LiveEditでプレビュー」(p.31)で紹介したとおりChromeのデバッグはとても簡単ですが、Firefoxの準備は少し面倒です。まずは、使用するFirefoxがVersion 36以上であることが前提です。Firefoxメニューから「開発ツール→開発ツールを表示」を選び、歯車アイコンをクリックして開発ツールのオプションを開きます。「詳細設定」から「リモートデバッガーを有効」をONにします。これでFirefox側の準備は完了です。

Firefoxでは、Chromeのときのように**Debug...**ではデバッグできません。先ほどの組込みWebサーバで紹介した方法（**Open in Browser**）で、デバッグしたいHTMLファイルをFirefoxで開きます。続いて、Firefoxのメニューから「開発ツール→開発ツールバー」を選び、画面下に現れた開発ツールバーに`listen 6000⏎`と入力します。IntelliJ IDEAに戻り、**Run**メニューの**Edit Configurations...**を選んで、Run/Debug ConfigurationsダイアログにFirefox Remoteの実行構成を作ります。この設定画面のPortの値が、Firefoxの開発ツールバーに入力した`listen 6000`と同じ値になっているのがポイントです（図10.16）。あとは、この実行構成をデバッグ実行するだけです。

第10章 いろいろなプロジェクトで開発する

(1) 事前にFirefoxのリモートデバッガを有効にしておく

(2) Run/Debug ConfigurationにFirefoxの待機ポート番号（6000）を指定する

図10.16　Firefoxを使ったJavaScriptのデバッグ

TypeScriptのサポート

どういうわけか、IntelliJ IDEA Ultimate EditionにはTypeScriptのコンパイラ（**tsc**）がバンドルされているので、Node.js[注34]さえあればTypeScriptを扱うことができます。

TypeScriptサポートを有効にするには、PreferencesダイアログのLanguages & Frameworks→TypeScriptで**Enable TypeScript Compiler**をONにします。TypeScript versionにTypeScriptのコンパイラを指定しますが、バンドル版を使うのであれば、何も設定する必要はありません。**Node interpreter**に**node**（または**node.exe**）のパスを指定します。Node.jsがインストール済みならば、自動的にそのパスが設定されています。これでTypeScriptを使う準備は完了です。Project Structureダイアログにファセットを登録する必要もありません。

TypeScriptのファイル（***.ts**）は、**File**メニューやコンテキストメニューから**New | TypeScript File**で作成できます。あとはとくにやることはありません。ファイルが保存されるタイミングで自動的にJavaScriptに変換されます。Projectツールウィンドウでは、生成したJavaScriptファイルは、元になったTypeScriptファイルに折り畳まれており、TypeScriptコンパイラ（**tsc**）の結果は、画面下にあるTypeScriptツールウィンドウで確認できます（図10.17）。

注34　https://nodejs.org/en/

212

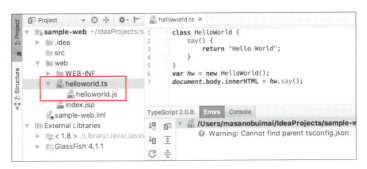

図 10.17　TypeScript の編集例

ディレクトリの同期（アップロード／ダウンロード）

　プロジェクト配下の任意のディレクトリを、別のディレクトリ（配布先ディレクトリ）と同期する機能があります。おもに Web コンテンツを Web サーバの公開ディレクトリにアップロードするのに利用しますが、応用が利く機能なのでアイデアしだいでさまざまな用途に利用できます。

　配布先ディレクトリの設定は、**Tools** メニューの **Deployment | Configuration...** で行いますが、この設定画面は Preferences ダイアログの Build, Execution, Deployment→Deployment とまったく同じです。設定画面の **+** をクリックして、配布先ディレクトリを登録します。Add Server ダイアログの「Type」で配布方法を指定するのですが、「FTP」や「SFTP」ではなく、「Local or mounted folder」を指定すれば、ファイル転送ではなく単なるファイルコピーもできます。設定画面のそれぞれのタブの用途は表 10.7 のとおりです。ほかにもこの配布機能に関する設定は Build, Execution, Deployment→Deployment→Options で行います。

表 10.7　Preferences ダイアログの Deployment 設定画面のタブ

設定タブ	説明
Connection タブ	配布先ディレクトリのパスを設定します。FTP や SFTP なら、さらにホスト名やログインアカウントを設定します。
Mappings タブ	プロジェクトと配布先ディレクトリのパスのマッピングを行います。ここが未設定だと配布機能が正しく動作しないので、必ず設定しましょう。たとえば、配布先ディレクトリのルートディレクトリを基点にするなら「Deployment path on server ～」には「/」を設定すれば良いです。
Excluded Paths タブ	無視するファイルやディレクトリを指定します。「Add local path」ボタンでプロジェクト側を、「Add deployment path」ボタンで配布先ディレクトリ側の設定を行います。

　配布先ディレクトリの設定が済んだのなら、**Tools** メニューの **Deployment | Browse Remote Host** を実行します。画面右側に Remote Host ツールウィンドウが表示されるので、配布先ディレクトリをアクティブ状態にします。これで準備は完

了です。あとはProjectツールウィンドウのコンテキストメニューや**Tools**メニューの**Deployment**サブメニューから任意のコマンドを実行して、アップロード（**Upload to ～**）やダウンロード（**Download from here**）を行います。**Tools**メニューの**Deployment | Automatic Upload**をONにすると、自動保存と同じタイミングでアップロードするようになります。

　Remote Hostツールウィンドウ上のファイルやディレクトリも操作可能で、コンテキストメニューの**New**サブメニューで配布先ディレクトリに直接ファイルやディレクトリを作成することもできます（図10.18）。Remote Hostツールウィンドウ上のファイルをダブルクリック（またはコンテキストメニューの**Edit Remote File**を実行すると、配布先ディレクトリ上のファイルを編集します。直接編集するのではなく、IntelliJ IDEA内に一時的にファイルを配置して編集するので、編集結果を配布先ディレクトリ上に反映するには、エディタ上部にある**Upload current remote file**をクリックします。

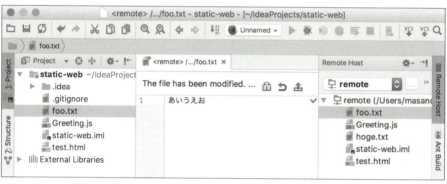

図 10.18　Remote Host を使ってリモート上のファイルを編集する

PhpStorm のように PHP を使う

　PHPを扱うには別途PHPプラグインが要ります（加えてPHPの実行環境（SDK）[注35]も必要です）。PHPプラグインが導入済みだと、New ProjectウィザードやNew ModuleウィザードからPHPを指定してPHPプロジェクトを作成できるようになります。

　PHPもJavaScriptと同じく、Project StructureダイアログではなくPreferencesダイアログで設定を行います（PHPファセットはありません）。たとえば、New ProjectウィザードでPHPを選んだときに指定したPHP SDKは、Preferencesダイアログの Languages & Frameworks→PHPにあります（図10.19）。PHPプロジェクトで使用するPHP SDKや言語レベルなどの変更は、この設定画面で行います。

注35　http://php.net/

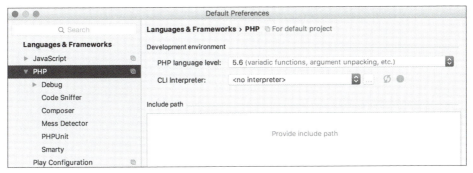

図 10.19　Preferences ダイアログの PHP 設定画面

　PHPの設定はPreferencesダイアログで行うため、Project単位での設定になります。つまり、Projectに複数のPHP Moduleがあっても、すべて同じ設定を共有します。

> **NOTE**　標準でこそPHPプラグインはバンドルされていませんが、IntelliJ IDEAはPHPをサポートしています。PHPサポートでどのようなことができるかは、オンラインヘルプで「php」と検索してみるとわかります。

RubyMine のように Ruby を使う

　Rubyを扱うにも、RubyプラグインとRuby SDK[注36]が必要です。RubyはJavaScriptやPHPと異なりSDKの設定はProject Structureダイアログで行います。Javaと同じように、Project StructureダイアログのSDKsで＋をクリックして「Ruby SDK」か「JRuby SDK」を選び、Ruby SDKを登録します（図10.20）。

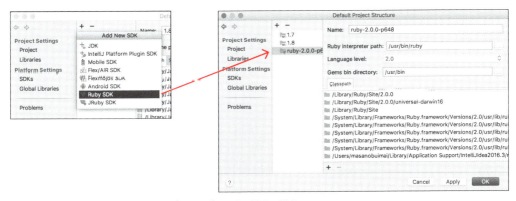

図 10.20　Project Structure ダイアログの Ruby SDK の設定

注36　https://www.ruby-lang.org/ja/

あとはPHPと同じように、New ProjectウィザードかNew ModuleウィザードでRuby Moduleを作成すれば、Rubyを扱えるようになります。PHPと違うところは、SDKの設定がProject Structureダイアログにあることです。Ruby Moduleが使うGemやLoad Pathの設定は、Project StructureダイアログのModulesで行います。

Preferencesダイアログでできることは、シンタックスハイライトやコードスタイル／Inspectionといった一般的な言語設定くらいで、Rubyに特化した設定画面はありません。RubyもPHPと同じく、Rubyサポートでできることはオンラインヘルプで「ruby」と検索するとわかります。

PyCharmのようにPythonを使う

Pythonも、PythonプラグインとPython SDK[注37]が必要です。PythonもRubyと同じく、SDKの設定はProject StructureダイアログのSDKsで行います（図10.21）。Rubyのときと同じように、＋で「Python SDK」を選びます。

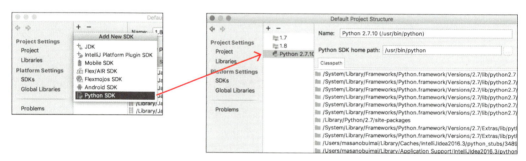

図10.21　Project StructureダイアログのPython SDKの設定

PHPやRubyと同じく、Pythonも専用のPython Moduleを持ちます（New ProjectウィザードやNew Moduleウィザードで作成します）が、Pythonファセットもあります。既存のModule（JavaやPHP／Rubyなど）に対してPythonファセットを追加すると、そのModule内でPythonスクリプトを扱えるようになります。

> **NOTE**
> Pythonプラグインは二種類あり、Python Community Editionプラグイン[注38]はIntelliJ IDEAのCommunity EditionやRider、Android Studioなどの他のJetBrains IDEでも利用できます。

注37　https://www.python.org
注38　https://plugins.jetbrains.com/plugin/7322-python-community-edition

索引

A

Add 108
Add as Library... 153
Add Copy of | File 154
Add Copy to | Directory Content 154
Artifacts 137, 147
Assign Data Sources... 186

B

Back 94
Bean Validation 175
Bean Validation ツールウィンドウ 178
Branches... 105
Build project automatically 61
Build メニュー
    Build Artifacts... ....149, 154
    Build Project 162, 199
    Rebuild Project 163

C

CDI 175
CDI ツールウィンドウ 175
Changelist 100
Checkout 105
Chronon 73
Class... 94
Clear output directory on rebuild 163
Clone Row 116
Code メニュー
    Convert Java File to Kotlin File 203
    Generate 196
Column List 114
Commit 108
Commit Changes 99
Community Edition 4
Compare 128
Compare with 128
Configure | Project Defaults 163
Configure | Project Defaults | Project Structure 17
Configure | Settings 18
Convert Java code to Scala on copy-paste 205

D

Convert pasted Java code to Kotlin 203
Create Archive 154
Create New Project 23, 150
Create script 37
Create Selector 35

D

Data Source Properties 125
Database Console ツールウィンドウ 120
Database Tools | Truncate 116
Database コンソール 120
Database ツールウィンドウ 111
DDL からデータソースを定義 126
Debug context configuration 32, 72
Debug ツールウィンドウ 64
Declaration 94
Dependencies タブ 142
DevTools 199
Diagrams | Show Diagram... 196
Diagrams | Show Visualisation... 130
Download from here 214
Drop Frame 73
Dump Data 117
Dump Data | To File... 131
Duplicate 27

E

Eclipse 21, 69
Eclipse プロジェクトを開く 155
Edit As... 129
Edit Remote File 214
Edit メニュー
    Copy 117
    Find | Find Usages 130
EJB 190
EJB ツールウィンドウ 190
Emmet 34, 37
Enable annotation processing 161
Enable Auto-import 48
Enable TypeScript Compiler 212
ER Diagram 189

索引

Evaluate Expression 66, 73
Expand Selection 39, 45
Explain Plan 131
Export To Database 118
Extract | Method 63
Extract Variable 45

F

Facelets 182
Facet 139
Facets 137, 147
File... 94
File メニュー
    File Encodings 158
    Line Separators 159
    New | File 28
    New | Project from Existing Sources... 155
    New | Project... ....47, 150
    New | SQL Script 122
    New | TypeScript File 212
    New | XML Configuration File | CDI beans.xml 177
    Other Settings 163
Filter by 114
Find 27
Find in Path 27
Find ツールウィンドウ 86
Firefox 211
Force Step Into 73
Forward 94
Framework 139

G

Generate Faces Pages... 188
Generate Persistence Mapping | By Database Schema
....187
Generate SQL 189
Git 95
GlassFish 173
Google Chrome 31
Gradle プロジェクトを開く 156
Groovy 201
Groovy から Java に変換 201
Grow Selection 116

H

Help | Find Action 27

I

Implementation(s) 94
Implicit conversion 206

Import from File... 119
Import Maven projects automatically 49
Import Project 155
Inject language or reference 123
Inline... 45
Inspection 51
IntelliJ IDEA 3
Intention Action 35, 45, 52

J

J2EE 190
JAR ファイルや WAR ファイルを追加 154
Java EE 167
Java EE プロジェクトを満たす条件 170
Java Enterprise ツールウィンドウ 176
JavaScript language version 210
Java を Scala に変換 205
JAX-RS (REST) 191
JAX-WS (SOAP) 191
JDBC ドライバ 110, 125
JDK 17
JetBrains 3
JetBrains IDE 4, 208
JetBrains Toolbox 10
JPA 183
JPA エンティティを作る 186
JPA コンソール 189
JSF 182
JSF ツールウィンドウ 182
JSP 179

K

Kotlin 203
Kotlin から Java に変換 204

L

Language Injection 123
Last Edit location 94
Libraries 137, 145
Live Template 37
LiveEdit 31
Load File... 129
Lombok 199

M

main メソッドの記述 54
Mark Directory as | Generated Sources Root 162
Mark Directory as | Test Sources Root 153
Maven 47
Maven Projects ツールウィンドウ 156

Mavenプロジェクトを開く 155
Merge 105
Messagesツールウィンドウ 61
Modify Table... 127
Module 135, 138
Modules 137
Moduleにテストコードを配置 152

N

Navigate Test 83
Navigateメニュー
　　Related Symbol... ....177, 196
Navigation 85
NetBeans 21
NetBeansプロジェクト／何でもないプロジェクトを開く
　...155
New | Directory 153
New | JSF/Facelets 183
New | Kotlin File/Class 203
New | Servlet 181
New | XML Configuration File | Faces Config 182
New | XML Configuration Files | Spring Config 196
New Branch 101
New... 32
Node interpreter 212

O

Obtain processors from project classpath 161
Open Console 120
Optimize imports 100

P

Parameter Info 45
Pathsタブ 141
Perform code analysis 100
Persistence Unit 184
Persistenceツールウィンドウ 183
PhpStorm 214
Postfix completion 38
Preferencesダイアログ 18
Problemsツールウィンドウ 61
Project 32, 135, 137
Project Structureダイアログ 136
Projectの成果物を設定 153
ProjectやModuleごとにコンパイラや言語レベルを設定
　...160
Push 108
Push Commits 107
PyCharm 216

Q

Quick Documentation 124

R

READMEファイルを追加 154
Recent Files 94
Redo 27
Refactorメニュー
　　Convert to Java 201
　　Convert to Scala 205
　　Rename... 130
Reformat Code 45
Reformat code 100
Rename 45
Replace 27
Replace in Path 27
Rerun 83
REST Clientツールウィンドウ 192
Result set page size 115
Resume Program 72
RubyMine 215
Run 72
Run context configuration 72, 83
Run query in console 189
Run to Cursor 73
Runツールウィンドウ 81
Runメニュー
　　Edit Configurations... ....74, 169, 172, 211

S

Safe delete 52
Scala 205
Scala Worksheet 206
Scripted Extensions 131
Search Everywhere 27, 92, 94
Servlet 179
Settings... 32
Show Diagram Popup... 196
Show query results in new tab 121
Show Usages 94
Shrink Selection 40, 45
Sourcesタブ 140
Spring 193
Spring Bean 197
Spring Boot 194, 198
Spring Boot Dashboard 200
Spring Initializr 194
Springツールウィンドウ 195
Step Into 72
Step Out 73

219

索引

Step Over 72
Structure ツールウィンドウ 114
Super Class 94
Switcher 94
Symbol... 94

T

Table Editor 113
Toggle Line Breakpoint 72
Tools メニュー
    Deployment | Automatic Upload 214
    Deployment | Browse Remote Host 213
    Deployment | Configuration... 213
    Groovy Console... 201
    Groovy Shell... 201
    Kotlin | Decompile Kotlin To Java......204
    Kotlin | Kotlin REPL 204
    Manage Project Templates 165
    Run Scala Console... 206
    Save Project as Template.....................164
    Test RESTful Web Service 192
Transpose 114
TypeScript 212
TypeScript ツールウィンドウ 212

U

Ultimate Edition 4
Un-inject Language/Reference 124
Undo 27
Update 108
Upload current remote file 214
Upload to ～ 214

V

VCS Operations 104
VCS Operations Popup... 108
VCS メニュー
    Enable Version Control Integration... 97
Version Control ツールウィンドウ 98
View Breakpoints...72
View メニュー
    Open in Browser 210

W

web.xml の作成 179
WebStorm...209
Web ツールウィンドウ 180
Welcome 画面 16, 23
Window メニュー
    Store Current Layout as Default 69

あ行

アクション 27
新しいプロジェクトを作る 47
アプリケーションサーバの実行設定 172
アプリケーションサーバを実行 174
インポート 48
インライン化 40
エディタペイン 26
置き換え補完 34

か行

カーソルまで実行 66
改行コードを指定 159
カラースキーム 18
カラーテーマ 12, 18
キーマップ 13, 19
起動用スクリプト 14
強制ステップイントゥ 66
組込み Web サーバ 210
クラス間の移動 87
クラス名を指定して開く 93
検索 27
行／選択範囲の複製 27
コードフォーマット 43
コミット 100
コミット対象を登録 98
コミット直前アクション 100
コミット前に編集 103
コンパイラのオプションを設定 159
コンパイラの割り当てメモリを設定 159
コンパイルエラー 61
コンフリクトの解決 106

さ行

再開 65
差分をコミット 102
差分を比較 102
式評価 66
実行 58
実行計画の参照 131
実行結果の巻き戻し 73
失敗したテスト再実行 82
自動インポート 49
自動テスト切り替え 82
ジャンプ前のコードに戻る 87
条件式の評価を確認 39
シンボル定義箇所へジャンプ 85
シンボル名を指定して開く 93
シンボル利用箇所を一覧 86
シンボル利用箇所をポップアップ表示...............86

スキーマやデータを比較 128
ステートメント補完 56
ステップアウト 66
ステップイントゥ 65
ステップオーバー 65
成功したテストの表示／非表示切り替え 82
挿入補完 34
ソースコードのアーカイブを追加 154

■ た行

チェックアウト 105
置換 27
注釈プロセッサ 161
直近のファイルを一覧 89
直近のファイルを開く 88
ツールウィンドウ 25
ツールウィンドウタブ 26
ツールバー 25
ディレクトリの同期 213
データの並び替え 114
データの編集 115
データベーススクリプトのカスタマイズ 131
データベースに接続する 110
データをエクスポート 117
テーブルエディタ 113
テーブルを定義 127
テストケースの作成 78
テストケースの実行 80
テスト結果のエクスポート 82
テスト再実行 82
テスト履歴の表示、インポート 82
デバッグ 64, 211
取り消し 27
ドロップフレーム 67

■ な行

ナビゲーションバー 25, 90
日本語化 3
入力候補の補完 33

■ は行

パラメータの表示 42
評価結果をコンソールに出力 41
ファイルのエンコーディングを指定 158
ファイルの作成 28, 50
ファイル名やシンボル名を指定して開く 92
ファイル名を指定して開く 93
プッシュ 107
プラグイン 15, 20
ブランチの確認 101

ブランチを作成 101
プル 108
ブレーク条件 70
ブレークポイント 64
プレビュー 31
プロジェクトツールウィンドウ 28
プロジェクトテンプレート 164
プロジェクト内で検索 27
プロジェクト内で置換 27
プロジェクトを作る 150
プロジェクトをテンプレートに保存 163
編集箇所に戻る 91
変数の抽出 40

■ ま行

メソッドの抽出 62

■ や行

やり直し 27

■ ら行

ライセンス 6
リネームリファクタリング 44
リモートリポジトリの設定 107

カバーデザイン	トップスタジオ デザイン室（轟木 亜紀子）
本文設計・組版	株式会社トップスタジオ
編集	中田 瑛人

■お問い合わせについて

　本書の内容に関するご質問につきましては、下記の宛先までFAXまたは書面にてお送りいただくか、弊社ホームページの該当書籍コーナーからお願いいたします。お電話によるご質問、および本書に記載されている内容以外のご質問には、いっさいお答えできません。あらかじめご了承ください。

　また、ご質問の際には「書籍名」と「該当ページ番号」、「お客様のパソコンなどの動作環境」、「お名前とご連絡先」を明記してください。

問い合わせ先

〒162-0846
東京都新宿区市谷左内町21-13
株式会社技術評論社　雑誌編集部
「IntelliJ IDEAハンズオン」質問係
FAX：03-3513-6179

■技術評論社Webサイト

http://gihyo.jp/book

　お送りいただきましたご質問には、できる限り迅速にお答えするよう努力しておりますが、ご質問の内容によってはお答えするまでに、お時間をいただくこともございます。回答の期日をご指定いただいても、ご希望にお応えできかねる場合もありますので、あらかじめご了承ください。

　なお、ご質問の際に記載いただいた個人情報は質問の返答以外の目的には使用いたしません。また、質問の返答後は速やかに破棄させていただきます。

IntelliJ IDEAハンズオン
―― 基本操作からプロジェクト管理までマスター

2017年11月21日　初版　第1刷　発行

著　者	山本裕介、今井勝信
発行者	片岡 巌
発行所	株式会社技術評論社
	東京都新宿区市谷左内町21-13
	電話　03-3513-6150　販売促進部
	03-3513-6170　雑誌編集部
印刷／製本	港北出版印刷株式会社

定価はカバーに表示してあります。

本書の一部または全部を著作権法の定める範囲を超え、無断で複写、複製、転載、あるいはファイルに落とすことを禁じます。

©2017　山本裕介、今井勝信

造本には細心の注意を払っておりますが、万一、乱丁（ページの乱れ）や落丁（ページの抜け）がございましたら、小社販売促進部までお送りください。送料小社負担にてお取り替えいたします。

ISBN978-4-7741-9383-0 C3055

Printed in Japan